象山竹根雕

象山竹根雕

总主编 陈广胜

浙江省非物质文化遗产代表作丛书

张翼 编著

浙江古籍出版社

浙江省非物质文化遗产
代表作丛书编委会

前 言

浙江省文化广电和旅游厅党组书记、厅长 陈广胜

    中华文明在五千多年的历史长河里创造了辉煌灿烂的文化成就。多彩非遗薪火相传，是中华文明连续性、创新性、统一性、包容性、和平性的生动见证，是中华民族血脉相连、命运与共、绵延繁盛的活态展示。

    浙江历史悠久、文明昌盛，勤劳智慧的人民在这块热土创造、积淀和传承了大量的非物质文化遗产。昆曲、越剧、中国蚕桑丝织技艺、龙泉青瓷烧制技艺、海宁皮影戏等，这些具有鲜明浙江辨识度的传统文化元素，是中华文明的无价瑰宝，历经世代心口相传、赓续至今，展现着独特的魅力，是新时代传承发展优秀传统文化的源头活水，为延续历史文脉、坚定文化自信发挥了重要作用。

    守护非遗，使之薪火相续、永葆活力，是时代赋予我们的文化使命。在全省非遗保护工作者的共同努力下，浙江先后有五批共241个项目列入国家级非遗代表性项目名录，位居全国第一。如何挖掘和释放非遗中蕴藏的文化魅力、精神力量，让大众了解非遗、热爱非遗，进而增进文化认同、涵养文化自信，在当前显得尤为重要。2007年以来，我省就启

动《浙江省非物质文化遗产代表作丛书》编纂出版工程，以"一项一册"为目标，全面记录每一项国家级非遗代表性项目的历史渊源、表现形式、艺术特征、传承脉络、典型作品、代表人物和保护现状，全方位展示非遗的文化内核和时代价值。目前，我们已先后出版四批次共217册丛书，为研究、传播、利用非遗提供了丰富详实的第一手文献资料，这是浙江又一重大文化研究成果，尤其是非物质文化遗产的集大成之作。

历时两年精心编纂，第五批丛书结集出版了。这套丛书系统记录了浙江24个国家级非遗代表性项目，其中不乏粗犷高亢的嵊泗渔歌，巧手妙构的象山竹根雕、温州发绣，修身健体的天台山易筋经，曲韵朴实的湖州三跳，匠心精制的邵永丰麻饼制作技艺、畲族彩带编织技艺，制剂惠民的桐君传统中药文化、朱丹溪中医药文化，还有感恩祈福的半山立夏习俗、梅源芒种开犁节等等，这些非遗项目贴近百姓、融入生活、接轨时代，成为传承弘扬优秀传统文化的重要力量。

在深入学习贯彻习近平文化思想、积极探索中华民族现代文明的当下，浙江的非遗保护工作，正在守正创新中勇毅前行。相信这套丛书能让更多读者遇见非遗中的中华美学和东方智慧，进一步激发广大群众热爱优秀传统文化的热情，增强保护文化遗产的自觉性，营造全社会关注、保护和传承文化遗产的良好氛围，不断推动非遗创造性转化、创新性发展，为建设高水平文化强省、打造新时代文化高地作出积极贡献。

目录

万象山海，千年渔乡，百里银滩，十分海鲜，一曲渔光，半域竹林。

象山半岛位于浙江东部沿海中段，地处北纬30度最美海岸线上，有988千米绵长海岸线，更有6618平方千米蓝色疆域，600多个岛礁。它们是县域高质量发展的最硬核资源，是建设共同富裕样板县的最独特IP。

象山先民耕海牧渔6000年，创造了丰厚且独特的海洋渔文化，成为浙江省唯一的国家级海洋渔文化生态保护区，被誉为"中国渔文化之乡"。

其中，竹根雕艺术是象山海洋渔文化沃土上盛开的一朵奇葩。1996年，象山被评为"中国民间艺术（竹根雕）之乡"；2006年，象山竹根雕被列为新一代"浙江名雕"；2020年，"象山竹根雕"成为"国家地理标志证明商标"；2021年，象山竹根雕被列入第五批国家级非物质文化遗产代表性项目名录……

一直以来，象山有丰富的毛竹资源，制竹的能工巧匠辈出。百姓日常生活大量使用竹制品，其中就有一些实用兼赏玩的竹制工艺品。20世纪70年代，一群工匠出身的民间艺人，抓住改革开放的历史机遇，凭借对竹根材质及雕刻艺术的独特敏感性，抱着工艺创作改善生活的初心，摸索走上了竹根雕之路。他们把敢为人先、开放大气的象山人特质发挥得淋漓尽致，不满足于单枪匹马、小打小闹，率先将象山竹根雕打进国际市场，还先后奔赴美国、法国、希腊等地进行展览，形成了一个完整的产业乃至产业链，带动一大批人创业、就业。

在半个世纪的不懈探索中，艺人们匠心独运、技高胆大，在雕刻手法、审美趣味、主题思想等方面均有开创性的突破和拓展，风格愈加鲜明，主题愈加丰富，内涵愈加深刻。艺人们从不满足于雕刻人人可以模仿的工艺品，而是将天趣和人艺巧妙结合，各显神通地创作独一无二的竹根雕艺术品，使濒临绝迹的传统竹根雕艺术得到全面继承、发展和提高，并形成了鲜明的象山地域特色。

施匠心于废材，创技艺之高卓。象山竹根雕继承明清时期民间竹根雕刻技巧，吸收绘画、书法、文学等艺术养分，根据竹根形状及肌理巧妙施雕，表现手法灵活多变，创作出了一大批堪称鬼斧神工的传世之作。象山竹根雕题材广泛，对本地海洋渔文化的表现尤为突出，形态逼真的鱼篓、虾蟹、渔夫等不一而足，意韵生动的历史人物、仕女孩童、飞禽走兽、文玩雅器等应有尽有。象山竹根雕灵活运用圆雕、镂空雕、浮雕等形式，自创局部巧雕法、乱刀法、大写意法等高超技艺，让人叹为观止。

合天人为一境，化腐朽为神奇。半个世纪以来，一批又一批象山竹根雕艺人筚路蓝缕启山林，栉风沐雨砥砺行，守护匠心"传帮带"，趟出了一条从民间"雕虫小技"登上艺术"大雅之堂"的传奇之路，使山里原本随地丢弃的毛竹根身价百倍。他们敢于打破材料的桎梏，把审美目光深入到竹根的每一寸肌理，根须并用，不断拓展创作题材，不雕而雕，实现返璞归真之情趣；妙造自然，善于升华主题思想，达到了出神入化的奇妙境界。他们中涌现出张德和、郑宝根、周秉益等一个个闪亮的名字，更不乏一批批后起之秀不断崛起，声名远播。如今，象山共有竹根雕艺人百余人，累计获得国家级、省级奖项500多项，其中国家级奖项80余项，大量作品被国内外行家、名人和博物馆收藏。

铸非遗之精魂，创文化之地标。象山县委、县政府对竹根雕艺术的持续健康发展给予高度重视和大力支持。2003年，重点扶持"象山德和根艺美术馆"建设，使其成为集创作、研究、展示、交流、培训于一体的竹根雕艺术中心和文化交流平台。2006年7月，出台《关于加大扶持竹根雕艺术创作和产业发展的政策意见》，制订象山竹根雕中长期发展纲要、总体目标及扶持措施。今后，将加大象山竹根雕作为"国家级非遗项目"的保护、传承力度，做好创造性转化、创新性发展两篇文章，加强与海洋渔文化、休闲旅游、城市文明等融合互促，真正让"象山竹根雕"这个品牌流金淌银、熠熠生辉。

中共象山县委书记　包朝阳

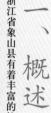

一、概述

浙江省象山县有着丰富的竹林资源，这为象山竹根雕的蓬勃发展提供了相应的物质基础与可靠保障。从对前代竹根雕的探索与模仿，到如今的传承与开拓，随形应变，注重人文内涵的象山竹根雕，成为继『浙江三雕』之后的新一代『浙江名雕』。

一、概述

　　竹根雕属于竹雕的一大分支。竹根雕，顾名思义，是主要以竹子入土的部分作为材料来雕刻制作的一种工艺，其形式有圆雕、浮雕、镂空雕等，大不过数拃，小不足一握。

　　中国是竹制品大国，也是毛竹的故乡，在境内拥有十分可观的竹林资源。其中，长江以南生长着世界上 85% 的毛竹。因竹子（尤其是毛竹）成材期短、质地坚韧、不易腐烂等特性，自古便在日常生活中扮演着重要的作用。白居易在《养竹记》中称其具备"本固""性直""心空""节贞"的君子品格；大文豪苏轼更是发出"宁可食无肉，不可居无竹"的感叹。由此，使得竹子从单纯的经济作物上升为一种精神品格，成为文人雅士的挚爱、道德的象征与标杆，赏竹、吟竹、画竹者层出不穷，至于雕竹，亦是水到渠成，自然而然。

［壹］人文环境

　　象山气候环境温暖湿润，先民们利用当地丰富的毛竹资源，加工成日常使用的家具、器皿等，在为生活提供诸多便利的同时，也将竹文化之记忆深深埋藏于心田，使得象山竹根雕最终能够顺利地在这片土地上生根、萌芽。

1. 象山概况

象山县是浙江省宁波市下辖县，位于东海之滨，居长三角地区南缘、浙江省东部沿海，素有"东方不老岛，海山仙子国"的美誉。陆域面积共 1415 平方千米，其中，山地面积为 793 平方千米。全县地势自西北向东南倾斜，天台山余脉自宁海县向东延伸至象山半岛。县内大多是海拔 200 米以下的丘陵，坡度平缓，山岭起伏绵延，加上亚热带温暖、湿润的气候，为竹子等作物的繁

枕山面海的象山——休闲旅游度假的圣地（吴永利摄）

衍提供了良好的条件。

象山"枕山面海"，环境适宜、历史悠久。据位于象山县中心的"塔山史前文化遗址"所发掘的墓葬，及出土的陶器、石器、玉

位于象山县丹东街道的浙江省省级文物保护单位塔山遗址

器等随葬物考证，早在距今 6000 年前的新石器时代，就有先民在此生息繁衍，属于河姆渡文化的一大分支。

据《象山县志》记载："夏后帝少康（夏禹之五世孙）封其庶子无余于会稽，以奉守大禹之祀，号'於越'，越国之称始此。越之东有堇子国，即后之鄞县地。时象山为堇子国地。越传国三十余世，历殷商至周敬王时。唐神龙二年（706），象山立县，因治北有山，屹如象形称'象山'，县以山名，称象山县。"

象山县由象山半岛东部及沿海的数百个岛礁组成。截至 2020 年 11 月，象山县拥有常住人口 56 万。

独特的地理优势使得海洋经济与文化在象山有着举足轻重的地位。2010 年 6 月，象山县被文化部批准设立海洋渔文化（象山）生态保护区，成为全国唯一一个以海洋渔文化为保护内容的国家级生态保护区。

海洋经济与文化是象山县的一大优势与特色

　　2019 年，以象山半岛（象山县）为主体、象山港湾和三门湾相关区域为拓展的"宁波海洋经济发展示范区"正式获批。

　　象山县是著名的"非遗大县"。截至 2021 年底，在当地文化部门的高度重视下，共有包括"象山竹根雕""唱新闻"在内的七个项目列入国家级非物质文化遗产代表性项目名录。其中，"象山渔民号子""石浦—富岗如意信俗""渔民开洋、谢洋节""晒盐技艺（海盐晒制技艺）""徐福东渡传说"五项国家级非遗项目与海洋文化息息相关。此外，自 1998 年起，每年 9 月在象山石浦举行的"中国开渔节"还是我国重大的民间节日之一，2007 年荣膺"中国十大名牌节庆"称号。

　　手工艺方面，建县前，象山区域内的工匠活动已很活跃。传统行业有造船、晒盐、泥石、木竹、棕棉、纺织、砖瓦、陶瓷、造纸、铁锡等。自古境内就不乏能工巧匠，依据当地丰富的竹林资源，做成家具、容器、量器等日常生活用品，并将手艺传承至今。

2. 竹乡西周

西周镇是象山县竹资源最丰富、竹文化最具特色的乡镇，同时也是当代象山竹根雕的发源地。

西周镇地处象山县西北部，东接墙头镇，东南连茅洋乡、泗洲头镇，西南与宁海县胡陈乡、大佳何镇接壤，北濒象山港，与奉化松岙镇隔港相望，东北与贤庠镇濒水相依，行政区域面积 155 平方千米，截至 2019 年末，西周镇户籍人口为 45000 余人。

自 2016 年起，西周镇逐步形成以儒雅洋、隔溪张和西岙郑村等为代表的一批竹文化非遗主题村落。2021 年 5 月，象山县西周镇以"有竹生活"获评"宁波市非物质文化遗产特色小镇"，后更名为"宁波市非物质文化遗产传承保护区"；同年 9 月，西周镇入选 2021 年全国"千强镇"。通过以"竹"为主题，以传统美术类项目为主、传统技艺类项目为辅的非遗项目组合模式，展现着非遗传承保护的特色性与多样性。

截至 2021 年底，象山县西周镇与竹相关的非遗项目，涵盖国家级非遗项目"象山竹根雕"，市级非遗项目"竹刻（象山竹

浙江历史文化名村——西周镇儒雅洋村的"简舍知秋竹刻馆"

刻)""跑马灯"(跑马灯骨架为竹扎),以及烤咸笋、笋干、笋团等以"竹生活"为元素的县级项目十余个。

[贰] 名词考据

竹子的雕刻、制作由来已久。与早在商周时期便已承担着记事、书写等功用的竹身不同,竹根的开发与运用相对较晚。根据目前出土的实物及相关文献资料考证,我国的竹根制品的出现是在南北朝时期,器物多将实用性与欣赏性融为一体;脱离实用功能、注重欣赏性的竹根制品的出现要到明朝中后期。20世纪70年代末、80年代初蓬勃兴起的象山竹根雕,模仿较多的就是这一时期的竹根雕作品。

象山竹根雕，以其发源地在象山而得名。象山县毛竹（楠竹）产量丰富，分布地域广泛，尤其是象山县西周镇，有竹林 10 万余亩，有着"竹

象山县境内拥有丰富的毛竹资源（吴永利摄）

乡"的美誉。在全世界 1200 余种的竹子品类中，毛竹因质地相对坚韧、紧实、最为常见且适宜雕刻等原因备受竹雕艺人青睐。

在目前已知的实物中，1988 年在象山县茅洋乡南充村发现的清嘉庆十六年（1811）署名"蒋光猷"的自然形竹根制品《秋叶贡盘》，因其特色鲜明、品相完整且年代确凿，或可视为象山竹根雕的滥觞。

象山竹根雕真正为我们所熟知则是在改革开放之后。自 20 世纪 70 年代末起，象山竹根雕通过张德和等为首的一批艺人的不断努力，创新推出"仿古竹根雕法"，打进国际市场。在延续了传统竹雕技法的前提下，先后创新、改良多种竹根雕技法，如局部巧雕、乱刀雕、组合雕等，拓展、丰富了竹根雕的题材与表现形式，影响并培育了一大批手工艺人从事竹根雕制作，使得象山成为"中

国民间艺术（竹根雕）之乡"，蜚声海外。同时，行业注重经验总结和理论研究，如"雕而不雕，不雕而雕""心雕"等专业创作理论，在业内都有着很大的影响，为创作提供了理

象山竹根雕原材料，生长根须的部分为竹根

论指导。2019 年，30 万字的学术专著《雕根问道——德和谈艺录》（张德和、张翼著）出版，并获浙江省民间文艺"映山红"奖（优

市民参观风格各异的象山竹根雕作品

秀民间文艺学术著作奖）。

2021 年，象山竹根雕被列入第五批国家级非物质文化遗产代表性项目名录。

2022 年 8 月底，象山县内已拥有竹雕文化创意产业园 1 家，竹刻、竹根雕类艺术馆 7 家，竹根雕生产企业 28 家；中国工艺美术大师 1 人，亚太地区竹工艺大师 1 人，中国竹工艺大师 1 人。另有浙江省工艺美术大师 6 人，宁波市工艺美术大师 36 人；高级工艺美术师 8 人，工艺美术师 46 人。累计获得省级、国家级奖项 500 余项。张德和的《茅屋·秋风》、郑宝根的《点睛》、周秉益的《福贵齐芳》3 件竹根雕作品先后获中国民间文艺山花奖；张德和的《清水芙蓉》、周秉益的《清风和韵》《酒魂》等竹根雕作品被国家博物馆收藏。

［叁］历史沿革

中国竹文化博大精深、源远流长。作为竹雕一大分支的竹根雕，虽然在南北朝时期便有相关记载，但真正成熟并开始流行是在明朝中后期。至于具备一定欣赏价值的象山竹根雕的出现，则要到清中期。从以实用性功能为主的生活用品，到以欣赏功能为主的工艺品乃至艺术品，竹根雕逐渐从竹雕大家庭中脱颖而出，凭借多变的造型、巧妙的技法与美好的寓意，彰显着自身存在的价值。

1. 唐以前的竹根雕

远在甲骨文出现之前，南方先民便已开始用竹片来刻纹记事。之后，竹子更是广泛用于日常生活的诸多方面，如湖北江陵拍马山古墓出土的战国时期的盛酒器"髹漆三兽竹卮"、湖南马王堆汉墓出土的"浮雕龙纹漆勺"等等，都体现了对竹子的巧妙利用。这些文献记载的物品与现存的实物，几乎都以竹身加工制作而成，属于"竹刻"的范畴；而竹根雕从概念上来说，是以生长在地下的天然竹根（当地俗称"竹箬头"）雕刻加工制成，两者有所区别。

自然形状的竹鞭

据所见资料分析，竹根雕制品最先出现于南北朝时期的南齐。《南齐书·明僧绍传》中，有齐太祖"遗僧绍竹根如意、笋箨冠"的记载。竹根如意，顾名思义，即如意形的竹根。因为作品没有流传下来，只能大致估计是依据自然形状稍作修饰的竹根（很可能是竹鞭，其通常

竹根酒杯示意图

粗细如指、形状多变，象山当地称为"竹龙根"，又统称为"竹根"）。这是迄今最早关于竹根雕的记述。从南北朝文学家庾信的《奉报赵王惠酒》诗中"野炉然树叶，山杯捧竹根"，以及唐代李贺《始为奉礼忆昌谷山居》诗中"土甑封茶叶，山杯锁竹根"可以看出，彼时已有人将竹根制作成杯子使用，而且用竹根制成杯子饮酒、品茗，在当时还是一项较为高端、彰显志趣的"文艺事件"。

2. 明清竹雕的兴盛

明代以前的竹根雕多以实用型器具为主，雕刻的成分较少。如北宋《太平寰宇记》中记载："巴州以竹根为酒注子，为时珍贵。"巴州即今四川省巴中市，酒注子即酒壶。根据相关文献、诗歌推断，这些竹器造型风格大多自然、粗犷。

自明代开始，商贸日益繁盛，别具特色的手工艺品已不仅仅限于王公贵族、高人雅士的圈子。竹雕艺人及作品如雨后春笋般开始出现，因时代距

《竹人录 竹人续录》

今比较接近，留存下来的实物比前朝大大增加。特别是清代金元钰编著的《竹人录》，收录了自明代以来的百余名竹雕高手，所述流派传承有序、脉络清晰，兼叙作品风格、斯人轶事，乃至铭文款识，使得后人对于当时竹雕行业及从业艺人的整体状况有了比较明晰的认知。

据《竹人录》记载，当时竹雕的主要产地是练祁与金陵，即现在的上海嘉定和江苏南京，历史上曾有"嘉定派"与"金陵派"之分。嘉定派传人过百，名家高手不下二三十人。可惜该书的作者只对"嘉定派"进行了梳理和整理，少有涉及"金陵派"的传承介绍。

当时，有一批文人雅士、书画家参与竹雕制作，或写或刻，使得这门传统手工艺注入了书画精髓和诗文内涵，提升为精美、高雅、珍贵的艺术品，确立了其在工艺史乃至艺术史上的重要地位。

嘉定派的代表人物是朱氏三松。朱鹤（生卒年不详），字子鸣，号松邻，活动于明正德至嘉靖年间（1506—1566），是嘉定派的创始人。其擅长图绘、刻印、诗文，能以刀代笔，作品在当时已比较出名，"世人宝之，儿十法物，得其器者，不以器名，直名之曰'朱松邻'"。朱松邻与其子朱缨、其孙朱稚征都有作品传世。朱缨、朱稚征分别号"小松""三松"，皆得家传，在百余年的时

间里，始终将竹雕技艺保持在一个很高的水平，非常难得。

　　在朱氏的影响下，明清嘉定竹刻人才济济、技艺纷呈。但嘉定竹刻，多以器物为主、浮雕见长，最为人熟知的便是插笔用的笔筒，属于配合"文房四宝"的竹刻作品。竹根雕作为无特

封锡禄　竹根雕《罗汉》上海博物馆藏

定使用功能、圆雕类型的摆件，实际上在当时已与势力强大的"文房四宝"相分野，开始有了自己独立的"名分"。作品基本以供奉的神佛、仙道等形象出现，偶有动物形象，如蟾蜍、蟹等，皆有美好、招财的寓意。

　　自朱氏三松后至清朝初期，嘉定派中精于圆雕（竹根雕）的高手，当属封氏三兄弟——封锡禄、封锡璋、封锡爵。三人中，属封锡禄最为出名。康熙二十年（1681），封锡禄、封锡璋同时入京，"以艺值养心殿"，专门为清宫廷制作竹根雕。传世作品有《罗汉》（现藏于上海博物馆）等。封氏家族以制作竹根雕出名，载入

《竹人录》的就多达 12 人。

金陵派的代表人物是濮澄，字仲谦，明万历十年（1582）生，主要活动于明万历至崇祯年间。张岱所著的《陶庵梦忆》中称："仲谦貌若无能，而巧夺天工焉，其竹器一帚一刷，竹寸耳，勾勒数刀，价以两计。然其所以自喜者，又必用之盘根错节，以不事刀斧为奇。经其手略刮磨之而遂得重价。"可见"濮澄治竹，不耐精雕细琢，只就天然形态稍加削磨，即已成器"，有"文章本天成，妙手偶得之"之趣。从现有史料来看，金陵派仅濮仲谦、李文甫、潘西凤、方洁等数人。

3. 晚清至民国时期的竹根雕

纵观整个清朝，在嘉兴、海宁、杭州、新昌、黄岩等地，曾出现过不少竹雕高手，但大多仍是做竹刻，做竹根雕的艺人极少。具体涉及竹根雕创作，除了嘉定派的封氏后人，仅有金陵派的潘西凤，嘉定派的施天章、张宏裕、张学海等。

据传，晚清时期，木匠出身的齐白石（1864—1957）也曾

传齐白石　竹根雕《负薪翁》

做过一些竹根雕作品，并有部分传世。虽然真伪难以考证，但就其制作过竹根雕这件事而言，可信度还是很高的。

明清两代，竹雕领域成就辉煌、令人瞩目，尤其是清中期的竹雕艺术达到了高峰。由于名家作品价值千金，民间艺人开始大量仿造，创办作坊批量

周光洪　竹根雕《寿星》

生产；商人开店批发、销售，只求营利、不顾质量，导致竹雕艺术迅速走向衰落。

民国时期的竹根雕已大不如前，存世量也极少。当时，浙江浦江有一位叫周光洪的民间木雕艺人，对竹根雕情有所钟。据《浦江县志》记载："周光洪（1868—1941），字孟溇，一字梦泉，民间尊称'洪师'，浦江堂头村（今属郑宅镇）人。传为浦江竹根雕的创始人。其根雕作品，多作为案头陈设之用，以'寿星'最为著名，其他如'八仙''魁星''钟馗''姜太公''关公'及'西施''貂蝉'等，都多见，皆根据自然形态确定主题，以面部为重

点，因材奏刀，不仅刻工精细、技法纯熟，而且造型生动、妙趣天成，一生留下数以千计的根雕作品。"周光洪 50 岁后专门从事竹根雕，技艺益精，据说一生收徒百余人。

4. 清代的象山竹根雕

在整个中国竹根雕的发展史上，象山竹根雕只是其中的一个组成部分。对于竹根的雕刻和利用，主要依靠一些名不见经传的民间手艺人。他们利用江浙一带丰富的竹林资源，就地取材，用竹根制作杯筊、竹杖、杓、罐、升、筒之类的简单器具，以此为业。这些器物在生活中不可或缺，但那些制作者的姓名几乎没人知晓。

其实，清代以前的象山竹根雕已客观存在：许多民间竹篾艺人（匠人）在编制竹器的同时，也常用竹根制作杯筊、杓、罐乃至龙头竹杖等，都可看作是自然型的竹根雕制品。它们出现的时代，远比明清要早得多。只是这类物件过于普通，不被珍视，因而留存很少；有幸保留的，确切年代又无从考证。出于严谨，本书仅以有年份记载的实物为准。

象山竹根雕留存下来最早的、有年代可考的实物，是 1988 年在象山县南充村郑尚勇家发现的《秋叶贡盘》。该盘底部落款为墨笔楷书"嘉庆拾陆年姑洗月 吉旦 蒋光猷置"，正面写着"今为几上珍"，并有印章，内容为"荒径"；底部有枝叶等简单的镂空雕刻。嘉庆十六年，即 1811 年，"姑洗月"指农历三月。因民间艺人姓名无考，竹根雕器具主人为"蒋光猷"，故多以其代指作者。

"秋叶贡盘"并不是其最初的名称，只是外形类似于秋叶的形状；而通过"今为几上珍"这句话判断，很可能当时还有另外一件贡盘存在，现在留存的这块应该只是后半句，仿照了唐太宗李世民的五言律诗《赋得樱桃》中"昔作园中实，今来席上珍"的句子。也正是由于后半部分的留存，才让我们得以知晓创作的年代。另外，从民间习俗中不难推断出其与供佛、供菩萨有关。供佛要用到上好的瓜果，也和改编前的原诗《赋得樱桃》以及"几上珍"的题字相对应。与其他生活用品不同，用作供奉、祭祀的

象山竹根雕《秋叶贡盘》（正反面）

器皿，通常不能随意丢弃；加上供盘内的题字、题诗，使得作品的文化含量增加，被重视、留存的可能性也就大大增强。

纵观整件器物，构思巧妙、刀法简练，器形简单，以自然造型为主，雕刻的部分较少。多数鉴赏家认为，此物极有可能是当地竹艺人与文人合作的成果，极具历史意义，其价值也是同时期普通的竹工艺品所不能比拟的。

又据象山竹根雕艺人钱沙汀提供的资料，《石坛山房全集》（清陈得善著、沈学东点校，团结出版社，2019 年）中的《夏翼斋先生谱传》记载，西周镇文峤村人夏翼斋，"名振燕，字翼斋。未冠，失乾荫，弃读治生……或削竹冶铜成玩具，其精巧，虽素习者不及也"。2019 年 4 月 30 日，当地报刊《今日象山》也曾刊登《夏翼斋先生谱传》全文。

陈得善，象山县东陈人，光绪年间贡生。生于咸丰五年（1855），卒于光绪三十四年（1908）。夏翼斋是陈得善岳父的堂兄弟，生卒年不详。按年代推测，活跃于 19 世纪后期，在年代上晚于竹根雕《秋叶贡盘》的制作时期。根据史料记载，夏翼斋早年丧父，为谋生计，"削竹"（雕竹、刻竹）偶尔为之，凭借其聪慧、悟性高，成为不折不扣的竹雕高手，所作竹器精巧，非同一般。

"玩具"在古代指的是文玩之类可以把玩、赏玩的器具。从《夏翼斋先生谱传》中"素习者不及也"可以得知，不仅仅是夏翼

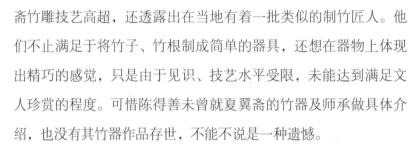

斋竹雕技艺高超，还透露出在当地有着一批类似的制竹匠人。他们不止满足于将竹子、竹根制成简单的器具，还想在器物上体现出精巧的感觉，只是由于见识、技艺水平受限，未能达到满足文人珍赏的程度。可惜陈得善未曾就夏翼斋的竹器及师承做具体介绍，也没有其竹器作品存世，不能不说是一种遗憾。

综上所述，清代的象山竹根雕虽然存世极少，但通过相关史料不难发现，它一直存在于当时生活的诸多方面，在不多的文字记述下，也能一窥当时竹雕发展之概貌。

5. 民国至改革开放前的象山竹雕

民国至改革开放前这段时间，象山民间活跃着一位家喻户晓的篾作匠张小泉，也是极少数拥有较高知名度的竹艺人。

张小泉原是竹乡西周镇初坑村人，不但会编织竹篮、竹筐、竹箱，而且更擅长拗竹椅、竹榻、竹台、竹介橱（藏碗碟、剩菜及调味品的橱柜）。与民间的普通篾作匠不同，张小泉除了会做篾作，还会做"翻簧"（也叫"剔簧"，一种把竹子内壁竹簧剔出来，经过热处理，

张小泉　翻簧竹刻（竹介橱局部）　1965年

将其压平整再冷却成型的技术），还能在器物的翻簧板面、竹青面上雕花、刻字，字迹刚正有力，作品上常刻有"哈哈笑，张小泉制用"等字样。

张小泉都是亲自上山挑选竹子，这些竹子除了大小相同、竹节疏密相似，更为难得的是，从来不蛀（笔者与父亲采访过他的两个儿子，得到了相关的诀窍）。同时，他在制作过程中十分细心，每个切口都非常标准，榫卯结构，天衣无缝，所做的竹椅子之类使用几十年仍完好如初，不会摇动。

张小泉之所以技艺超群、乡里皆知，源自他对竹工艺的酷爱，视作品如生命，几近废寝忘食。据他夫人介绍，在创作时他经常将酒菜拿到干活的工场，一边喝酒一边琢磨"半成品"。若发现不理想之处，马上放下筷子做到满意为止，可见他对技艺的追求和执着已到痴迷的地步。

此外，张小泉较为出名的另一个原因是，当地周边很多村民都跟他学过拗竹椅等。他的两个儿子张和平、张永

刻有"哈哈笑 张小泉制用"的翻簧竹片

平也是其传人，其中，张永平至今还在从事这门手艺。

由于民国时期战乱频繁，加上竹工艺的"草根性"，可供参考的资料极少。据 1915 年 11 月 5 日《四明日报》的一则广告——"宁波工厂竹木二科添招艺徒广告，招收 15—20 岁之间的艺徒，并特聘奉化知名竹器艺人俞啸霞先生与多名巧匠为授艺师傅"来看，宁波的"竹工艺"在当时有着广阔的市场和较高的知名度。

"竹木二科"属于"特艺科"，竹根雕也归属于"特艺科"。"特艺科"意味着生产的产品属于雕刻类工艺品，而不是民间常见的实用型器物。另据张永平回忆，其父亲张小泉是在 20 世纪 20 年代跟随宁海县黄坛镇的一位师傅学的手艺。与此同时，象山县南充村有一件民国时期郑兆鸢的竹雕《梅花诗文笔筒》传世。这些历史的细节，反映着当地的竹工艺有从实用型器物向欣赏型器物转变的趋势，客观上为象山竹根雕的崛起创造了有利的条件。

6.改革大潮中的象山竹根雕

象山竹根雕以我们所熟知的面貌出现是在 1978 年。当时，在党的十一届三中全会精神的指引下，象山民间艺人张昌筑（后改名为"张苍竹"）首先萌生了办工艺厂的念头。于是，他与徒弟张德和以及同行郑裕泉商量办厂的事情。张德和推荐了郑宝根、何幼真、赖其学、朱至林，郑裕泉推荐了周爱平、张继良、鲍国君等雕花、油漆匠作为筹备组成员，一起到宁波各地进行实地考察。

1978年，象山民间艺人试制竹根雕的地点——西周镇初坑村

在见识到宁波、宁海等工艺美术厂面积之大、资本投入之巨、员工之多以及技艺之精后，这群来自山区的民间工匠一度放弃了办木雕厂的想法。在途经奉化工艺美术厂时，偶然间看到有位叫戴新国的民间雕刻艺人，正依据照片尝试仿制清代的竹根雕。受此启发，又考虑到竹根能就地取材、成本较低，众人便决定试试。

随即，张德和与郑宝根、赖其学、周爱平4人在西周镇初坑村开始试制竹根雕样品。一个月后，将完成的《松鹤长春》（张德和）、《杨柳侍女》（郑宝根）等4件竹根雕作品送至宁波工艺美术公司和上海工艺品进出口公司进行推销。两家公司都认为制作成本太高，建议做传统"吉祥题材"的仿古人物作品，并提供了《骑鹿寿星》《石榴孩童》等清代竹根雕作品的照片作为参考。

张德和　竹根雕《松鹤长春》1978年作　　张德和　竹根雕《布袋和尚》1985年作

　　由于竹根雕技艺无师传授，他们又不懂仿古技术，所以屡试屡败，不到一年便放弃了。后经上海市工艺品进出口公司指点，几人试做树根雕花几，一举成功。于是成立了象山县西周区工艺美术厂，从事树根雕业务。

　　1981年底，张德和离开西周区工艺美术厂，决定重新试制竹根雕。除了研究传统雕刻技法外，着重以仿古技术作为突破口。通过多种原料的选择、上百次的试验，最后，用"沸煮浸渍法"取代了传统的"涂刷法"，将配制好的颜色通过蒸煮的形式，充分渗透进作品材料里，"仿古竹根雕"最终研制成功。这些新做的仿

20世纪80年代中后期，香港客商提供的明清竹根雕照片　　香港客商提供的清代竹根雕《达摩》照片

古竹根雕同留存下来的明清时期的竹根雕几乎一般无二，完全能达到以假乱真的效果。

后在象山外贸公司和浙江省工艺品进出口公司牛建军同志的帮助下，1983年秋季的广交会上，象山竹根雕以古董的形式一举打进日本市场；1984年6月，成立象山首家竹根雕厂——象山丹城出口工艺美术厂，张德和任厂长，负责联系业务及竹根雕技法的传授，员工多是当地及周边具备一定雕刻基础的雕花、油漆工匠。当时的技法与表现形式相对简单，只是模仿明清时期的"通体施雕法"。

象山丹城出口工艺美术厂短短几年间发展到75人，竹根雕产品出口十几个国家和地区，且供不应求，经济收入十分可观，甚至厂里普通竹根雕艺人的收入都是当地平均收入的数倍。

在此影响和带动下，象山境内的民间艺人们纷纷改行，专做竹根雕；同时，艺人们广收学徒，相继大刀阔斧地办起了竹根雕厂。

先是何幼真、朱至林等离开象山丹城出口工艺美术厂，并邀请郑宝根一起去象山县文化馆创办工艺美术服务部；随后，石永生、章如方、姜勤俭、倪伟宗、周翁峰、郑阿莲、朱仁元、柳承国、陈善国、方忠金、朱仁苗、周追鸿等也先后办起了竹根雕生产企业。

至20世纪80年代末，象山县内已有竹根雕企业30余家，从业人员300余人，产品出口20多个国家和地区，一跃成为国内规模最大、影响力最高的竹根雕生产出口基地。象山竹根雕进入了一个前所未有的繁荣时期。

随后，因市场缺乏管理，行业间围绕着价格出现恶性竞争，工艺水平明显下降，产品严重滞销，竹根雕企业陆续倒闭转产，艺人又纷纷改行换业。至20世纪90年代初，整个象山县境内只剩下两三家企业勉强维持，包括工艺品出口龙头企业——丹城出口工艺美术厂，也深受其害而破产，象山竹根雕到了生死存亡的关口。

象山竹根雕开创者张德和在破产后认识到：价格竞争的根源在于竹根雕作品大同小异、易于模仿。因此，破局的关键便是让竹根雕作品成为独一无二、无法仿造的艺术品。但是，"艺术品"这个成果，需要大量文化的滋养和艺术养分的吸收才能有所收获。由此，他明白了文化的重要性，开始广泛涉猎文史哲，并在诗词曲赋中寻求意象与灵感，还经常参加各类工艺美术展览，吸收姊妹艺术的精华，与专家、教授进行交流、探讨，提升文化修养，开阔视野与格局，让"文气"取代以往作品中的"匠气"。

几年后，张德和受到"天人合一"哲学思想的启发，在保留传统制作技艺的同时，大胆改变原来的"通体施雕法"为"局部巧雕法"。该技法利用了竹根的天然造型，只在必要处施雕，将自然的特征与人工的技艺巧妙地结合，每件作品都精心构思、单独设计，以求最大程度地利用根材的自然美，代表作品有《张飞》《眷恋》《人之初》等。此法一经问世便得到专家、学者们的充分肯定。在时任浙江省工艺美术学会秘书长张所照老师的发掘和推荐下，其作品多次

张德和　竹根雕《张飞》1990年作

参加省级及以上的工艺美术大展并获金奖，打响了象山竹根雕的品牌，竹根雕价格也比原先翻了数十倍。

由于"局部巧雕法"省时省力、经济效益显著，1997年之后，不少已改行的竹根雕艺人又重操旧业，并且几乎全部改用"局部巧雕法"来替代之前的"通体施雕法"。没几年，象山竹根雕作坊发展到20多家，从业人员恢复至120余人。

在吸取了象山竹根雕从全面繁荣到跌入谷底的教训后，一些能力相对突出的艺人在作品的风格、面貌上开始追求个性化，从最初的大路货式的生产，转变为适合自身特点的精品化创作。同时，在题材上进行拓展与突破，使得象山竹根雕常看常新，避免

张德和　竹根雕　《眷恋》1991年作

了由于技法、形象雷同导致的审美疲劳。

　　象山竹根雕创作队伍日渐壮大。张苍竹、张德和、郑宝根、周爱平、张家骏、朱至林、赖建成、张赛利（女）、章如方、郑阿莲、周翁峰、倪伟宗、姜勤俭、欧昌和、朱仁苗、朱仁元、柳承国、孙鑫泉、张家骏、张继良、朱庆来、张国兴、郑国仁、张富怀、黄伦宝、江福祥、何幼真、何松宝、夏继勇、何吉义、屠水良、胡宝华、李善成、郑振和、朱康林、屠永良、方忠金、陈善国、周追鸿、何小真、韩怀良、韩怀平、鲍才云、陈卫国、潘海午、石永生、张良、张安飞、吴祚益、赖长春、张文成、周秉益、

林海仁的企业生产的竹根雕文创产品

林海仁、朱利勇、方忠孟、陈春荣、陈光明、林海彪、韩建国、蔡海楚、王永平、王群、王春云、王路、谢善君、朱媛媛（女）、潘海午、朱姚明、张素敏、周先学、石小余、王进敏、陈刚、郑佳海、顾江林、翁承利、朱敏辉、何益平、张松林、陈青通、韩海明、励永夫、周岳奇、钱沙汀、俞建伟、朱永良、王晓明、余志恩、俞阳光、王传帮、陈飞、朱敏才、周海斌、柳建厅、柳晓祥、柳正晖、柳丙行、欧昌宗、周岳根、朱宏苏、屠峭锋、仇志光、郑明祥、郑友祥、王聪伟、王其忠、郑方宽、吴晓华、钱徐彪、徐洁、孙德仁、肖吉方、罗德振、韩剑、欧展鹏、俞杰、章飞龙、顾松乾、沈兴田、石振明、方朝春、陈采朝、黄振峰、张旭东、蔡勇产、何其多、杨斌、柳丙言、钱夏福、黄陈华、徐晓东、朱李军、吴建挺、张翼、任斌斌、蒋浩、朱峰等一大批竹根雕艺人脱颖而出。顾江林、陈春荣、吴晓华等还在北京、上海等

郑宝根　竹根雕《坐莲菩提》（陈其增摄）

地开设店面，生意红火。此外，方忠孟的象山宏达根雕有限公司2005年被象山县政府评为"象山县农业龙头企业"。

近年来，林海仁等竹根雕艺人延续了前代象山竹根雕以实用性功能为主的竹根雕制作。所作器型小巧、种类多样，以量大价优、符合年轻人喜好的特点，致力于推动竹根雕的产业化，取得了不错的效果，成为象山竹根雕发展方向上的一个有益补充。

如今的象山竹根雕艺人普遍有着较为明确的作品定位与整体规划，往自己擅长的、区别于他人的方向发展，使得象山竹根雕呈现出百花齐放、争奇斗艳的繁荣景象。

同时，象山竹根雕艺人对于技法的探索也未曾止步。继"局部巧雕法"之后，又开创出"乱刀法""组合雕法""连体雕法""薄意圆雕法""内外自然肌理巧雕法"等多种技法与形式。凭借巧妙与不拘一格，象山竹根雕无论在市场上还是收藏界都备受青睐，在工艺美术

周秉益　竹根雕《警》

行业内亦享有盛誉。此外,象山竹根雕在经验总结和学术研究上也取得不少成果。先后有《竹根雕精品创作四要素》《根艺审美二题》《竹根雕的鉴赏与收藏》《浙江的竹根雕艺术》等多篇论文在省级及以上刊物发表、获奖。2019年,张德和、张翼父子出版根雕理论专著《雕根问道——德和谈艺录》,并公开发行。书中对竹根雕和树根雕的技法与理论进行了详细介绍与剖析,阐述了其与中国文化的深刻关联,填补了象山竹根雕理论方面的空白。同年,该书获浙江省民间文艺"映山红"奖(优秀民间文艺学术著作奖)。

竹根雕艺人的事迹多次在中央电视台的《美术星空》《中国风》《走进幕后》《流行无限》《农广天地》《翰墨戏韵》等栏目播出。

2000年,驻法大使吴建民(中)与法国蒙顿市市长(右三)参观张德和在法国的竹根雕展

象山竹根雕艺术家张德和、郑宝根、周秉益、蔡海楚等，还多次被国家及省市有关部门选派赴法国、希腊、以色列、阿曼、美国、日本、韩国等地进行文化交流和作品展演，广受好评。1996 年 11 月，象山县被文化部命名为"中国民间艺术（竹根雕）之乡"。2006 年 3 月，经全国专家论证会论证，象山竹根雕被列为新一代"浙江名雕"；2020 年，象山竹根雕成为"国家地理标志证明商标"；2021 年，象山竹根雕列入第五批国家级非物质文化遗产代表性项目名录；2022 年，象山竹根雕省级代表性传承人张德和成为象山竹根雕领域首位"中国工艺美术大师"。

二、象山竹根雕的制作工艺

象山竹根雕作为一门手艺，看似简单，不过是匠人们用传统的工具在竹根上进行雕刻而已。然而，它在选材、构思、制作直至最后完工的一系列过程中，涉及诸多方面，是民间艺人们集体智慧的结晶。

二、象山竹根雕的制作工艺

象山竹根雕不仅是一门手工艺，还是一部记录和反映同竹根雕艺人相关联的生产活动与生存状况的历史，富有质朴的生活气息。

[壹] 材料

材料是手艺人展现技艺、实现创作理想所必不可少的载体。与其他艺术门类相似，象山竹根雕的选材很重要也很有讲究。竹根雕创作，材料是基础，直接影响着作品的质量以及最后的效果。

1. 选质地

我国竹子的品种很多，有近 300 种。其中，象山县有竹子近 20 种。通常用作雕刻的有毛竹（又称"猫竹""茅竹""楠竹"）、麻竹、刚竹、哺鸡竹等。

浙江的竹根雕艺人大多采用毛竹根为材料。毛竹数量众多、质地结实细腻，纹理清晰美观，是比较理想的雕刻类竹种。乾隆《象山县志》载："惟猫竹西乡最盛，山民恃以为业。"

据多数竹根雕艺人的经验，竹根以生长在背阳、通风、土质较差且伴有石子的山地为佳。环境越恶劣，竹根生长得越慢，质

毛竹（楠竹）是理想的雕刻竹种（吴永利摄）

地相应就越结实；根形变化越大，留给竹根雕艺人想象的空间也越大，作品更容易达到出人意料的效果。一般来说，用作雕刻的毛竹，竹龄以 3—5 年为最佳。竹龄太大，一则质地太硬，二则颜色发黄，三则吃刀较难，四则容易开裂；竹龄太小，质地粗疏、松软，雕刻时容易起毛，作品完工后无法达到光洁、细腻、润泽的理想效果。

竹根怕蛀，这是长期困扰竹艺人的问题。要避免虫蛀，最经济可行的方法，就是在采挖前甄别出不容易蛀的竹子。关于这一方面，艺人张小泉有着非常丰富的经验。他制作的竹器，历经半个多世纪都没出现过虫蛀的情况。

张德和曾于 20 世纪 80 年代初，就竹根雕材料、工艺方面的问题，数度寻访张小泉未果。40 年后才在张小泉的儿子张永平处得到诀窍：其一，不蛀的竹子生长在白泥沙地西北面的背阳处，竹子一般比较硬，最好在秋冬季节采伐；其二，竹子表面颜色呈白粉色并带有竖向或横向的条纹，竹龄在 4—6 年间（普通的竹子颜色为青绿色，表面有一层均匀的白粉，但没有条纹），同时满足这两点，可以断定这棵竹子不会遭蛀。

2. 采挖与处理竹根

竹根雕创作所用的材料与绝大多数雕刻门类不同，它用到的主要是地下的根部，只能通过挖掘的方式获得。用锄头挖竹根是项非常艰辛的体力活，一般要一两小时甚至更多。特别是当碰到形状怪异的根材，挖的时候要格外谨慎，所需时间也更长。有了根材，还要对竹根进行甄选。虽然象山当地不乏竹林，但能力出众的雕刻师傅对普通的竹根材料兴趣不大，只有造型独特的竹根，雕刻起来才容易别具特色，相应的价值与价格才能节节攀升。

农民用鹤嘴锄采挖竹根

　　由于雕刻师傅对材料的形状有着特殊的要求，有些擅长挖竹根的农民通过经验积累，能够依据竹梢以上部分的长短与残缺情况，大致判断出地下竹根的大小及整体的形状。

　　另外，如果需要短且圆的竹根，要到山上土壤不肥沃的平地去找。这样的环境长成的竹根端正、圆浑，内壁厚，质地坚实、细腻，而且竹根平整，很适合做茶壶、茶盏、水盂等器物。如果需要有弧度的竹根，要到山上的斜坡去找，这类竹材适合做渔舟等。

　　判断地下竹根长短还有一种方法，就是直接看地面部位的竹节疏密情况。地面上的竹节越疏，地下的竹根就越长；反之，竹节越密，竹根就越短。正常的竹子，地下的竹根为 18 节左右。如果靠近地面那段竹节的长度为 3 厘米，那么，这块竹根的地下长度约为 54 厘米；但是，地下的竹节实际上要比地上的密三分之一，

造型奇怪的竹根更有可能创作出佳作

这个竹根在地下的真实长度为 36 厘米左右。判断竹根的形体是直还是弯，最简单的方法就是看它接近地面的竹节平不平行。如果是平行的，竹根基本上是直的；如果竹节是斜的，竹根整体形状肯定是弯曲的。

现阶段的象山竹根雕单就材料的外形而言，是越奇越好。造型相对怪异的竹根，数量稀少，价格往往很高。以最常见的圆筒状的竹根为例，价格在 50 元左右；而品相完好、形状奇特的竹根，价格通常在 200 元以上，甚至超过千元。

采挖竹根基本是由山里的农民完成，竹根雕艺人很少自己去挖竹根。竹根的采挖时间以秋、冬两季为宜。秋季竹子停止生长，冬季竹子处于休眠状态，这两个季节竹子体内的水分与竹浆相对较少，不易霉蛀和变形。在条件允许的情况下，挖竹根时，可以把竹子先锯掉再挖。如考虑做渔船等，还要用到竹身，不能锯得太低，一般留到成人大腿的高度就没问题了。另外，竹根周身应当留 1—2 寸根须（若考虑留作人物胡须等可以更长），一是避免伤及竹身，二是必要时还能派上用场，如做须发、毛领、蓑衣等。

挖起竹根后，山民会第一时间联系竹根雕艺人，并根据不同的形状拟定价格。材料一旦到手，竹根雕艺人通常会尽快将根材放进锅炉里煮上 3—5 小时，排掉内部的竹浆，再取出放在通风处晾干。这样既可增强竹纤维的坚韧性，也可防止竹质变黑、变脆，还能起到一定的防霉蛀作用。

比较讲究的竹根雕艺人还会腾出一间光线良好的屋子，专门配几排 1 米多高的架子，用于放置竹根

蒸煮竹根材料的大锅炉

材料。存放数月乃至几年后，再根据材料表面开裂的情况，先行淘汰一部分竹根，剩下的材料基本就不容易开裂了。

3. 选根形

普通的竹根内部大都是空的，可塑性较小。因此，对于选材就格外有讲究。如果做"弥勒佛"，应选择体型圆胖的竹根；若是做"老寿星"，得选取体型偏短、略显"驼背"的竹根；做文人雅

林海仁　竹根雕《春慵》

士，应选定扁瘦型的竹根；做美人、仕女，应选用细长并有"S"形曲线的竹根，都需根据竹根外形特点做灵活处理。

做人物还是动物以及选用怎样的动态、姿势，离不开创作者平时素材和经验的积累。至于最后的形象美不美，则全凭个人的审美能力与技艺水平。

根形一旦选准、选对，作品基本就有把握。若是拿圆胖或是"驼背"的竹根去做仕女，即使高手也做不出好作品。象山竹根雕创作是根据材料的自然形状来确定题材，应尽量选择有起伏变化的根材，想象空间大，造型容易灵活、生动，作品的立体感和个性化会更强，也更有看点。

[贰] 工具

象山竹根雕的制作工具主要是传统的凿子（雕刻刀具）和棒槌，也包括锯子等。其中的雕刻刀具特别讲究，一般先由雕刻师傅按照凿子凿口的大小，在纸板上依次戳出凿印，经验丰富的打铁师傅再依据凿口的宽窄与弧度，打造相应的凿子。

象山竹根雕行业内没有专门制作凿子的师傅，一些打铁师傅只是顺带制作。但制作凿子的铁匠有较强的品牌意识，所打的凿子编号以数字或姓名中的某字等作为标记，这些"代号"打在凿子的边缘，以表明是谁打造的。

凿和刀的用处有区别。凿是靠棒槌敲击使其入竹，削除不必

象山竹根雕艺人的制作工具主要为凿子和棒槌

要部分，一般较厚实；刀的用法是以手握住刀柄，用肩胛抵住向前推动来雕刻，刀的形体较轻薄。前者将木柄套进金属的槽孔里固定，防止叩击时凿柄裂开，根据外形特点，可以概括为"铁包木"；后者用末端刺进木柄来固定，不能叩打，刀身较薄、刀口锋利，只能用作修光，使用起来比凿子更加轻便、灵活，外形特征属于"木包铁"。

目前，象山竹根雕的艺人仍然是以使用传统的凿子为主，雕刻刀只是作为辅助：凿子用作凿毛坯，确定外形；雕刻刀用作修光，负责精雕细琢及具体细节的刻画。

打着数字"6"的凿子

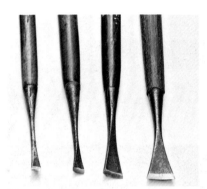

象山竹根雕艺人使用的凿子

象山竹根雕艺人使用的雕刀

随着电动工具的不断革新与完善，雕刻界开始流行用电动工具取代传统刀凿，在制作效率上有了很大的提升。但众所周知，电动工具对于竹子表层的破坏十分严重，且不容易控制，不像艺人用凿子那样对轻重程度、取舍情况等能很好地把握。总之，少用或慎用电动工具，是保护竹根雕传统工艺的前提。

1. 竹根雕刻主要工具的种类和用途

象山竹根雕的雕刻工具主要是凿子。不同形状的凿子对应着特定的用途，一套较齐全的凿子数量有百把之多。木工锯、雕刻桌、棒槌等都属于配合凿子使用的工具。

（1）木工锯

木工锯用于截取竹根材料。锯子体型较大，操作起来需手脚配合使用：先将材料垫高或置于凳子上，用粉笔、水笔等画出要切割的部位。然后，一只脚固定材料，留出要锯的部分，一只手拿锯子对准画线处施锯，同时另一只手按牢材料。初学者锯料极容易锯歪，导致切面不平整。现在使用较多的是小巧的手工锯，相对轻便、灵活。

（2）雕刻桌

雕刻桌用于放置雕刻工具及进行雕刻时抵住竹根雕材料的木质桌子。通常尺寸为 75 厘米长，60 厘米宽，75 厘米高。桌子分为前后"两进"：前面一块板略高，材质为木荷树或枫树，大概 75

象山竹根雕艺人在锯料

象山竹根雕艺人常用的雕刻桌

厘米长，20厘米宽，厚度约3厘米；后面的板略低，用于放置雕刻刀具，大约75厘米长，40厘米宽。为了不使凿子之类滚落，一般会在"后进"的桌子外沿钉上一圈宽近2厘米的木挡条。

桌子的正前端会特意做出十几厘米弧度明显的凹陷，或者另钉一块中间略凹的木条，用于贴合材料，便于雕刻。

（3）棒槌

棒槌用硬质木材制成的长条木槌。大头方、小头圆，便于抓握。长约40厘米，雕刻时用它敲击凿子的顶端。《论衡·效力》中称："凿所以入木，槌叩之也。"木材相对质量较轻，很多竹根雕艺人喜欢将钢铁之类金属物嵌入棒槌中，以增加敲击的力度，提升效率，或是用斧头来代替棒槌，以斧面进行敲击。

握起来较有分量感的棒槌

（4）凿

凿为楔子形或圆锥形，用铁夹钢制成，末端削出薄薄的切面。凿口有弧形、直线形和三角形之分。顶端装上捏手木柄（象山当地一般用黄檀树或枣树制作）。打坯时用木槌在顶端叩击，使刀口切入根材，削除材料的多余部分。一套较全的凿子数量在一百把左右。

①圆凿

凿口呈弧形的凿子。圆凿又有正钢与反钢之分。"正钢"是把钢铺在弧形的外侧，专供打坯、切削用；"反钢"是把钢铺在弧形的内侧，常用作修光时铲、剔用，也有艺人喜欢用它打坯，效果很好。

②平凿

凿口呈"一"字形、没有弧度的凿子，供打坯时劈、削用。较小的平凿也可用于修光。

③三角凿

凿口呈"V"字形的凿子。当中有三角凹槽，通常用于修光、铲线。

④斜口凿

凿口平而切面斜的凿子。专门用作剔地、清理死角。

⑤弯头凿

正钢与反钢圆凿　各种规格的平凿　三角凿　　斜口凿　　弯头刀、凿 专供修光用的钢条刀

头部弯曲的凿子。能深入普通凿子难以触及的部位，作剔地用。

（5）钢条刀

专供修光用的雕刀。用优质钢条制成，刀口形状和凿子一样，有弧形、直线形、三角形，大小不等。钢条刀由于本身较细，稍重的叩击容易令钢条折断，一般不用来凿坯。

雕刻刀具的养护也很有讲究。如果长时间不用，应在凿口及凿背处刷上一层油，并用棉衣、棉布之类包裹好，减少与空气、水分的接触，防止生锈。刀具需要整理、带走时，先将薄的工作服摊在雕刻桌上，凿子按照一正一倒的顺序交错摆放整齐，避免锋口互相碰撞，再用工作服严实地将凿子包起来，两个袖子交叉绕一圈并打结绑好，使其尽可能地紧实，方便携带。

2. 磨具的种类

雕刻刀具在使用过程中，刀口一旦发生钝化、崩口等情况就

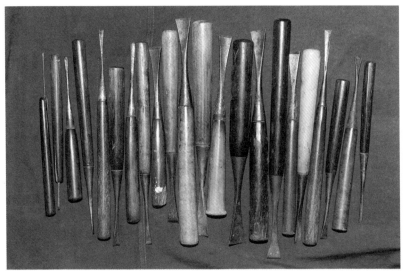

避免凿子之间磕碰的摆放方式

需要磨刀了。磨刀的工具即磨刀石，或称磨石。磨石有粗、细之分，粗磨石有臼石、砂轮、油石、刀砖等；细磨石有羊肝石、红石等。

粗磨石用作"定型"。刃口有残缺等问题的刀具用粗磨石来

粗磨石

细磨石

磨，在外形上进行修正；细磨石用作"养锋"。待刃口磨平整、对称之后，需再用细磨石将刃口磨锋利。

3. 刀具磨砺的步骤和方法

手艺人从事生产制作离不开工具。工具与养护方法非常重要，直接影响着制作速度和工艺质量。通常，学雕刻须先学磨刀，以便了解工具的性能及用途。磨好刀具并非易事，初学者往往历经数年才能掌握。

雕刻刀具磨砺的步骤分粗磨和细磨；刀具的磨法有竖磨和横磨两种。

（1）粗磨

一般情况下，粗磨时右手握刀，左手握石，在油石或砂轮片上前后推磨、左右移动，

刀具"竖磨"示意图

滚动磨法：刀具"横磨"示意图

直到磨出刀口为止。磨石的大小和弧度一定要与刀面吻合；刀面与磨石必须要贴服，边磨边加水。

（2）细磨

将初磨成型的刀具，紧贴在红石或羊肝石上反复摩擦，直到磨面光亮如新，对着刀口看去，白线完全消失、锋芒毕现为止。

（3）横磨与滚动磨法

以上采用的是"竖磨"的方式。还有一种方式为"横磨"：磨石竖放，手握刀具与磨石呈近似直角，进行横磨。通常，双手需配合磨刀，熟练的情况下，也可单手磨。横磨圆凿时，还要变磨边滚动。

这种方法相对比较简单，刀口容易磨平整、锋利，适合初学者。

[叁] 工艺流程

象山竹根雕的工艺流程包括制作流程与工艺技法。此外，作为展示与收藏的竹根雕作品，后续的保养显得尤其重要。一件作品一般数天便可制作完成，而从作品诞生之后，直到损坏、消亡之前，都与保养息息相关。是否注重保养以及保养得好坏，决定了这件作品在实现其自身艺术价值的同时，能否兼具更高的历史价值和收藏价值。

象山竹根雕各个制作步骤的效果图

1. 制作流程

象山竹根雕的制作流程大致分为相材（选材）、构思、凿坯、修光、开面相、打磨与防霉蛀处理、上漆与表面处理 7 道程序。每道工序都非常重要，环环相扣，其中有一道不完美，这件作品便无法成为精品。

（1）相材

竹根雕创作重在发现，贵在自然。相材，不仅靠肉眼，更要靠心眼。"天生我材必有用"，每块根都可以做成恰到好处的作品，关键是找到合适的切入点并对材料的特点加以利用。

当竹根雕艺人拿到材料时，首先，要对其自然形状和肌理作大体的判断，把握住第一眼的印象与感觉。这个阶段，不需要太仔细地去看每一处细节，只要有大致的感受，如整体形状的"胖瘦"、起伏的程度等等。通俗来说，就是"猛一看像什么东西"。如正面没灵感就翻个面再想；横着不行就倒过来再看，直到找着"大概方向"为止。

（2）构思

构思，按字面来理解，是对构想的进一步思考。反映在竹根雕上，则是对之前的大致感觉做进一步的想象，使其更细致化、具体化。

如果将"相材"比作确定一个大致的外形轮廓，"构思"则是将内容与细节具体、清晰地呈现出来。当然，所有的这些"画面"都只是在自己的想象当中。这时，原来不需要关注的"细枝末节"就显得非常重要了。

在开始创作之前，最好根据材料给人的直观印象，寻找契合的人物与题材；在保证充分利用外形特点的同时，选择更容易匹配竹子品质的那个构思。例如，依据材料扭曲的特点，首先构想出一个美女的形象。但是，美女也分很多类别，表现思乡心切的王昭君或是出淤泥而不染的荷花仙子，就比妖艳的妲己之类更接近竹子高洁的品质，最后的效果自然更佳。

每个人的构思不可能完全一样，正如"一千个读者就有一千个哈姆雷特"。竹根雕艺人凭借自身的审美素养和创作经验，对创作理念、主题思想、审美要求以及加工方法等作出系统、合理、周密的布排，直到胸有成竹，形象呼之欲出……构思越周密、考虑越全面，作品成功的把握性就越大。

竹根是空心的，可以塑造的位置只有根体的周壁，厚度仅1—2厘米。因此，在动刀之前，作品的主次关系、层次分配、比例大小、吃刀深浅等应通盘考虑，否则，极易报废，这是竹根雕最大的难度所在，由此可见构思在竹根雕创作中的重要性。

（3）凿坯

构思再精到、微妙，也仅仅是想象；要将虚幻的想象转变成实在的艺术形象还得依赖手上的功夫——雕刻。雕刻分"凿坯""修

象山竹根雕制作步骤——凿毛坯

光"两步，如果是人物、动物类题材的，还要加上一步"开面相"。

凿坯，先用笔在竹根上大致定位，根据既定位置落刀。凿坯时一般左手握凿，右手握棒槌，叩击凿子，凿出作品的大致结构和基本块面，接着再逐步深入、细化。

竹根的雕刻方法与木雕类似。可先用平凿或坦圆凿（凿口相对平坦的圆凿）打坯，也可用反钢圆凿打坯，两者各有利弊：平凿打坯的好处是比较果断，结构清楚，但看上去显得生硬，雕过与没雕过的地方衔接很不自然；反钢圆凿打坯的好处是凿迹浑圆，不会形成死角，如觉不妥，方便挽救，缺点是容易影响作品的立体感。

雕刻常用的凿出块面的做法，对于竹根雕而言不是特别合适。因为先凿出块面，便去掉了竹子的精华——表层硬质的"竹青"，露出里面质地粗软的"竹白"，好比"弃玉留砖"。因此，最好的办法是：心中要有块面的概念但无须凿出块面，尽

用反钢圆凿打坯，处理起来灵活，调整余地大

量少"改造"。完成后的作品才能既保留自然美,又彰显出竹子富有光泽的特点,从而扬长避短、掩瑕显瑜。

(4)修光

在毛坯的基础上,用修光刀作进一步深入、细致的刻画,直至造型准确、线条流畅、结构清楚、形神兼备,完全达到作者的理想目标为止。修光的刀要锋利,使用起来既不费力,速度又快,效果也佳。

为提高工效,最好把"凿坯"和"修光"的刀具分开使用,既方便快捷又可减少磨刀的次数。

"修光"是传统叫法,有"修整光滑"之意,但作品需要达到的光滑的程度还是依据题材、表现的人物或是动物而定,不一定

象山竹根雕制作步骤——修光

非光滑不可。比如仕女之类，肯定是越光滑越好；但一些依赖根须等来表现毛发、蓑衣及体现野性的形象，只需稍加修整，重在保留粗、拙的感觉。

（5）开面相

竹根的形状特点比较适合做人物。其中，脸面又是人物的关键，也是关注的焦点。在凿坯时就要先确定头脸的类型、位置、大小与角度，在尽可能少去掉外层"竹青"的基础上，凿出大致的外形。特别是头面的转向、角度一定要准确、自然，合乎人体的运动规律，并与身躯、肢体的姿态相呼应。

象山竹根雕制作步骤——开面相

"开面相"一般是雕刻部分的最后一道工序。通常的做法是，动刀前，从头顶到下巴画一条中轴线，定作鼻梁，两边要对称（针对圆雕），再于二分之一处画一横线，定作眼睛的位置（老人高于一半，小孩低于一半），眼睛以下的二分之一处定作鼻尖，依次定出五官的位置和比例。

　　先从鼻梁与眉心处入刀，鼻梁位于面部正中，又是最高点，容易控制上下比例和把握左右对称。鼻子的块面凿出后，接着凿出两只眼睛，随后是嘴巴、耳朵。五官的结构和脸型全部交代完毕就可以开始精修，即深入、细致地表现脸部的骨骼、肌肉与神态表情。

朱利勇　竹根雕《芭蕉罗汉》

相对而言，五官中雕鼻子、耳朵易，做嘴巴、眼睛难：人物的思想、表情大多集中在眼神和嘴角。表情中，雕喜怒易；雕思虑难：喜怒外显，思虑内藏。年龄中，雕老人易，刻青年难：老人须眉长、皱纹多，面部的肌肉结构、嘴角等处的微妙表情可以通过长长的胡须进行遮掩，一刻就像；青年少胡须皱纹，骨骼不突兀，没有明显的特征可以把握。此外，雕形象、表情易，刻神韵、气质难：前者体现在表象上，后者隐藏在骨子里；前者"实"，看得见、摸得着，凭手、眼就能解决；后者"虚"，说不出、道不明，只能靠心灵和智慧去感知、捕捉。不过，凡事熟能生巧，只要留心感悟、反复实践，终能得心应手、游刃有余。

（6）打磨与防霉蛀处理

"打磨"是将完工的作品在效果上实现全面提升的一道工序，目的是在去除刀痕的同时，让雕刻的部分与自然的部分看上去更加协调。首先，将雕好的作品放进配有防霉蛀的药水缸里浸泡2—3天，令药物被作品充分吸收，起到防霉蛀的效果；然后，在避免太阳直射的情况下使其自然阴干；最后，用进口砂皮纸打磨。

在砂皮纸还没有发明的年代，竹制品的打磨要用到"木贼草"，也称"锉草"，是一种多年生草本植物。茎绿色，呈管状，中空，有节。叶退化成鳞状，表面粗糙，可用以打磨木、骨、铜等器物。

现在的打磨则主要是靠砂皮纸。首先，用120号、180号的粗砂皮，顺着自然纹理和刀路走向反复用力摩擦，将刀痕凿迹磨去，直至纹理流畅，整体圆顺、统一。然后，用300号砂皮纸再从头到脚打磨几遍，直到外表光滑细腻、纹理清晰美观。

象山竹根雕制作步骤——打磨

以上的工序适用于普通上漆的竹根雕作品。若要处理保留本色的高档作品，还须用更细的砂皮纸继续打磨几道，直至表面出现玉质般温润、通透的光泽为止。

打磨是一项很花时间和精力的技术活，也可以看作是最后阶段的修光。虽然有些竹根雕艺人为了节省时间成本，会选择将这道工序交给专门的打磨师傅来做。但面对竹根雕精品时，打磨师傅毕竟缺乏雕刻的经验，很可能无法达到令创作者满意的效果，最常见的问题是把原本立体的部位磨平了。因此，对于精品必须自己动手，将已完工的作品打磨得更加精致、细腻、传神。

方忠孟　竹根雕《松下雅集》

（7）上漆与表面处理

　　为有利于作品的保护与销售，一些作品还要进行仿古和上漆处理。具体做法是，先将打磨好的作品放入配有药物或染料的大缸里浸泡2—3天再打捞起来，待干燥后，再上油漆。

　　油漆分虫胶漆、大漆、化学漆等多种。其中，虫胶漆使用比较方便，漆膜干燥

陈青通　竹根雕《松鼠提壶》

朱至林　竹根雕《各显神通》

快，容易打磨。每刷一层漆，干燥后就要打磨一次，如此反复3—5次，直到光滑发亮。如用大漆，要用生漆调配约30%的熟桐油（将生桐油用火煎熬至280℃左右，冷却），搅拌均匀，再用麻丝或棉絮蘸漆往作品上反复揩拭均匀，待漆膜彻底干燥后，再揩拭第二次、第三次，直至作品润滑、亮泽。

就整个制作流程而言，"相材""构思"起主导作用，确定了目标与方向；"凿坯""修光""开面相"是核心步骤，决定了作品的整体面貌；"打磨"及"上漆与表面处理"则发挥了后期美化的作用，以达到"锦上添花"的效果。

2.工艺技法与形式

传统的竹根雕技法和形式无外乎浮雕、圆雕等几个大类，细分开来又有深、浅、镂空等数种。

象山竹根雕在继承传统竹根雕的基础上，丰富、拓展了竹根雕的表现技法与形式，并且有部分作品运用了多种技法，增加了作品的看点与观赏性。

象山竹根雕的创新技法可以分为四种：乱刀雕、朦胧雕、意雕和薄意圆雕；在创新形式上也较多，有仿古雕、局部巧雕、连体雕、组合雕、内壁雕、内外自然肌理巧雕等。其中，仿古雕注重复制传统竹根雕的颜色与形制，以色泽古朴、技法传统作为评判的标准；局部巧雕则以"局部"和"巧"为特点，区别于通体雕，在影响上也更为深远。可以说，局部巧雕是象山竹根雕的核心与灵魂。

如今，常被提及的象山竹根雕主要是指局部巧雕类竹根雕。它在充分继承传统雕刻技法的基础上，根据竹根自身的特点巧妙地进行加工、设计，使作品生动、形象的同时，不失质朴与天真。其以尊重自

张德和　竹根雕《华裳初试》

然、保留自然为前提的创作主张
和表现形式，与有文献记载以来
最早的竹根雕相比照，在旨趣及
精神上是一脉相承的。

（1）竹根雕的传统技法

竹根雕的传统技法有圆雕、
高浮雕、浅浮雕、透雕、镂空雕
等，历史悠久、门类齐全。现今
的象山竹根雕技法是从传统技法
演变而来。

①圆雕

圆雕，指各个面都可观赏
的技法，是传统竹根雕中最常见

张苍竹　竹根雕《渔归》

的类型。它通过对一块整体的竹根或竹鞭等进行雕刻，使之成为
一件立体的人物、动物、花鸟、鱼虫、瓜果类作品。特点是：四
面可观但制作难度大。因为竹根中间空心，壁厚有限，稍不注意
就会凿穿，变成废品。竹根雕圆雕的巧妙之处在于：通过精心设
计与掩饰，将对象尽可能立体地表现，充满生活化与趣味性，令
观者完全意识不到材料空心的事实。竹根雕圆雕作品，至迟在明
代就已出现。

②高浮雕

高浮雕又称深浮雕，与浅浮雕相对。指在竹根表面设计施雕，把图像以外的空地全部挖去和剔平，使图像高高浮凸出表面。通过雕刻的深浅，分出前后层次，刻画具体形象。高浮雕的图像相对立体，除了与"地子"相连处不雕，其余都须处理，要求结构清楚、层次分明，接近于圆雕。据说唐代就有此技法，一直沿用至今。

胡宝华　竹根雕《瓜瓞连绵》

③浅浮雕

浅浮雕法与高浮雕基本相同，只是层次较浅，靠通过近大远小的透视原理和线条的结构关系来表现物体的体积。完成后，实际图像扁平，但能给人以立体感。做浅浮雕最好懂得、掌握透视的原理。此法源自唐代，明清时期水平达到高峰，迄今还在广泛运用，多见于竹刻。

④透雕

透雕，指在竹根上设计构图，把图像以外的部分全部凿空，刻画出前后层次，甚至可以将后面的竹壁和中间的竹节统筹利用，有较强的可塑性。此法宋代就有，明清时期技艺水平已非常高超。

21世纪前后，在竹根内壁的运用上实现了突破。特点是：构思与加工空间大，作品显得精致、空灵，层次感、立体感特别强，内容也更为丰富。

⑤镂空雕

镂空雕，类似高浮雕与透

韩海明　竹根雕《祝寿》

雕，不同的是，镂空雕把图像的前后层次之间基本凿穿、镂空，使作品更显空灵与立体。此法在明清时期已经普遍运用，并延续

赖建成　竹根雕《空山鸟语》

至今。

（2）象山竹根雕的创新技法

象山竹根雕自 20 世纪 90 年代以来，先后有乱刀雕、朦胧雕、意雕、薄意圆雕等技法问世。

①乱刀雕

乱刀雕，根据作品效果的需要，用刀、凿或其他器具，在雕刻对象上作敲、打、凿、撬等处理，令刀痕、凿迹产生不规则的崩裂或逆戗状，以产生"乱中有序、杂中有章"的特殊艺术效果。通常，用来弥补材料的缺陷与手段的刻板，使经过处理的部分能更好地衔接已雕与未雕处，令整体风格更加协调、统一。

张德和　竹根雕《正气》

此法是张德和于 20 世纪 90 年代初所创，用于表现毛发、须眉、衣领、山水等。

②朦胧雕

朦胧雕，依据根形的自然起伏设计加工，运刀浅，凿脚呈圆弧状，无方角

张德和　竹根雕《悠悠》

和锐角。虽有体块和转折面之分，但比较模糊、混沌。如衣服不做衣褶，眼睛只处理上、下半球，不做眼珠，甚至没有眼缝。尽管没有面面俱到，体相却隐约可见，如雾里看花，整体效果比较突出。作品圆润、光滑、质朴、美观，给人以充分的遐想空间，适宜把玩。此法由张德和于 21 世纪初所创。

③意雕

意雕，将多个形态各异的自然竹根，连根带须通盘构思，根据主题的需要，加以裁剪、修整，并把它们有机地组合成一个整体，以表现宏大的场景或体现独特野趣。这类创作基本全靠构思，取其意境，品其意义，营造意境。此类作品极少雕刻，寥寥几刀即可，充分利用材料自身所散发的原始、野性、自然的气息。此

张德和　竹根雕《原始部落》（局部）

法由张德和于 21 世纪初所创。

④薄意圆雕

薄意圆雕，巧借竹根的自然肌理和形状，在扁平的体面上运用透视的原理和浅浮雕的手段作局部施雕，使其呈现出如同圆雕的效果。

此法由张德和于 21

张德和　竹根雕《草原情》

世纪初所创。特点是：能充分利用和保留竹根表面的角质纤维，作品质地结实、细腻，富有光泽。不足之处是这类材料比较难找，相应的雕刻技法很难掌握，若不懂得浮雕与透视原理，几乎不可能做成功；并且从侧面看，由于材料较扁，效果不是特别好。

（3）竹根雕的传统形式

竹根雕的传统形式有通体雕、开竹雕、竹节雕、竹鞭雕等。聪明的古代竹艺人对竹根表面、内部，乃至竹节、竹鞭都有全面的利用。

①通体雕

通体雕，是指对整块材料进行雕刻的一种表现形式。多数人

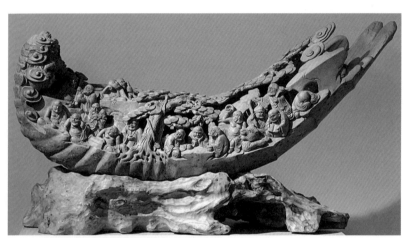

李善成　竹根雕《十八罗汉》

王群　竹根雕《家书》

容易将通体雕和圆雕混为一谈，其实，通体雕不一定是圆雕；圆雕也不都是通体雕。

按字面意义来理解，只要将材料表面雕满就算是"通体雕"。当然，通体浮雕等也算是通体雕；圆雕则只要整体看上去完整、立体就行，有时借用材质的纹理、结构，不需要雕刻或稍作雕刻也属于圆雕类作品。

②开竹雕

开竹雕，是把竹根劈开，在其凸面或凹面上设计、制作的一种表现形式。明清时期已出现，常见的有人物、山水、花鸟等。21世纪初，象山当地的王群、孙德仁等在运用上又有新的突破。由于材料劈成片状，图像、线条可以任意剪裁、取舍，创作理念可以尽情发挥，不存在穿空及报废的风险，尤其适合表现仕女类题材。不足之处在于近似浮雕，略显单薄，观赏面不多。

③竹节雕

竹节雕，是横向截取竹根中的1—2节为原料，利用壁厚和竹节的起伏变化来制作人物、动物、器皿等的一种表现形式，在清代已出现，多见于器皿类。21世纪初有竹根雕艺人以此用来表现人物，构思新颖，非常可爱。其缺点为形体单薄、器形较小。象山竹根雕由于材料整体大小的限制，已属中等偏小，而竹节雕更是最大不过一拃，厚度仅几厘米。形体方面的制约使其适宜的题材也较为有限，不适合表现高大宏伟、大气磅

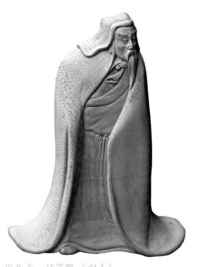

周岳奇　竹节雕《归去》

礴这类风格。

④竹鞭雕

竹鞭俗称"竹龙根",是
匍匐在地下生育竹子的母体。
竹鞭雕利用竹鞭的自然形状来
构思设计,通过应物象形、因
材施艺,制作成动物、昆虫、
印章等。小巧玲珑,便于随身
携带、吊挂和手上把玩。此类
型清代就有,甚至最早见于记
载的竹根制品——齐太祖赠送

陈春荣　竹根雕《竞》

明僧绍的"竹根如意",极有可能便是根据"如意"形的竹鞭稍作
加工而成。近年来,象山当地的竹艺人陈春荣将竹鞭加工成人物,
颇有趣味。

(4)象山竹根雕的创新形式

象山竹根雕的创新形式有仿古雕、局部巧雕、连体雕、组合
雕、内壁雕、内外自然肌理巧雕等。通过探索全新的表现形式,
营造出更好的艺术效果。

①仿古雕

仿古雕是模仿古代(明清)竹根雕题材、样式和雕刻技法来

进行创作，基本以圆雕
或通体雕的形式呈现。
仿古雕，特殊之处在于
颜色的处理。竹根雕作
品正常的颜色是竹根的
本色，即白中带黄，没
有任何古朴的感觉。为
使作品显得陈旧，在制
作完成后，应马上将作
品放进装有中药或化学
品的锅炉里做沸煮浸渍
处理，再取出晾干，进
行打磨、抛光，使之产
生古董般典雅、厚重的
色泽效果。

朱康林　竹根雕《钟馗》

　　仿古雕于 20 世纪 80 年代初出现并流行，是象山竹根雕艺人
张德和根据外商的要求专门研制的。由于成品能达到以假乱真的
程度，为象山竹根雕的出口创汇以及整个行业的发展起到了决定
性作用。时至今日，象山竹根雕作品早已不再被当作古董，但它
古朴、沉稳的色泽依然深受藏家的喜爱。

②局部巧雕

局部巧雕是根据竹根的自然形状和肌理，象形立意、构思布局，在头面等关键部位作适当雕刻加工，把根须、竹节、疤痕等自然美与人工美有机而巧妙地结合于一体，使之成为"天人合一"的艺术品。

局部巧雕始见于 20 世纪 80 年代初，著名雕塑家刘万琪（1935—2021）用该法创作过一件竹根雕"婴儿头像"。80 年代末，张德和将其拓展，运用到整体人物、动物、景物和花鸟上，后在象山竹根雕界全面推广。至今，局部巧雕仍是象山竹根雕最主要、

王进敏 竹根雕《指点迷津》（保留、利用竹根内部的自然肌理）

最有代表性且最为人所熟知的竹根雕艺术表现形式。

③连体雕

连体雕是将两个或多个长在一起的自然竹根统筹设计加工，在尽量不破坏原有生长状态与整体面貌的基础上，通过借形、遮掩、避让、取舍等手段，将它们巧妙地结合于一体。此表现形式由张德和于 20 世纪 90 年代初所创。

④组合雕

组合雕是根据作品特定主题的需求，发现并利用单个或连体竹根的某些形态上的特点，再组合、装置成一个整体，使之成为一套完整的作品。此表现形式由张德和于 21 世纪初所创，优点是能弥补竹根雕材料单体、单一、单调的弱点，使作品场景更加宏大，内容愈加丰富，更有情节及故事性。

⑤内壁雕

内壁雕是将竹根一分为二，取其一爿，以内壁为背景，上作

钱沙汀　竹根雕《高士》

浮雕人物、动物、山水、花鸟等的一种表现形式。竹子的质地分为三层，外壁叫"竹青"，质地结实；中间是"竹白"，质地松软；内壁为"竹簧"，质地结实、细腻，雕刻起来精致、美观。此形式由竹根雕艺人钱沙汀于 21 世纪初所创。

⑥内外自然肌理巧雕

内外自然肌理巧雕是先将凹凸不平的自然竹根局部凿穿，根据竹根内部的竹节和肌理变化进行设计加工，最终使内部结构和外部形状巧妙结合、浑然一体的一种雕刻表现形式。特点是不仅能让人欣赏竹根外部的形体美，还能欣赏到竹根内部的肌理美。与开竹雕不同的是，它仍然是完整的立体圆雕。缺点是：材料利

张德和　竹根雕《论道》

用率小，构思和创作难度极大，更容易报废。

3.竹根雕的保养

象山竹根雕作品的保存对于环境有着一定的要求。比如室内的温度不能过低，一般 10—30℃都可以。最适宜的温度是 20℃上下，相对湿度在 60% 左右。

对于竹根雕的养护，首先，不可用利器刮磨作品表面，更要避免和坚硬的物体发生碰撞摩擦。竹根里面是空的，表层较薄，雕刻又削去了一定的厚度，外力的压迫或者撞击可能导致表层断裂。因此，在存放或者运输作品的时候，最好用气泡膜统一包装；或者在作品外部有一层柔软覆盖物的情况下，将正面朝内摆放，保证重要的那面不受碰撞即可。

其次，竹根雕作品表面出现污渍，不宜用肥皂或清洁剂等化学品洗刷，应使用柔软的布料进行反复擦拭。如污渍很难去除，用少量桐油或黄酒便可，还能起到一定的保护功效。

最后，竹根雕适宜经常把玩。通过把玩形成"包浆"后，对于竹根雕本身也能起到一些保护的作用。把玩前要注意将手清洗干净，否则随着时间的推移，作品不仅无法达到"珠光宝气"的效果，还容易"藏污纳垢"。

竹根雕作品有"三怕"：

一怕晒、干。竹根雕，细微的裂痕多多少少都有，属于正常

陈春荣　竹根雕《刘海蟾》

现象。有些是凿击震动所致；也有些是随着环境温度的变化，热胀冷缩的结果。但完工后裂纹细小的作品，只要不在阳光或是暖光灯下直射，置于室内基本都不会有问题。对于较干旱的西北地区，应做适当的保湿处理，达到必要的相对湿度。

二怕潮。竹子是禾本科植物，砍伐之后易腐易烂，尤其在潮湿的地方，很容易发黑、变质。除非竹根表面通过十分细致地打

林海彪　竹根雕《事事皆是道》

磨产生出玉石般的质感，或者不断把玩形成了一层油脂状的包浆，才能对湿润的水汽起到少许阻隔的作用。

　　通常，江南的梅雨时节对竹根雕作品是一大考验。持续潮湿的天气，容易让根材与作品长出点状及片状的白色或青色霉菌，象山当地称为"出白毛"。对此，不必特殊处理，只需及时用刷子轻轻刷去，再用干燥、柔软的布或纸巾擦拭几遍即可。

　　三怕风。竹根雕作品不可以直接放在通风口。太大的风容易使作品开裂。条件允许的话，建议为作品配一个玻璃罩。内置喝茶、饮酒用的小杯子，水留半满，既防风又保湿，特别适合较为干燥的西北地区。

　　此外，年代较久的竹根雕在色泽上会逐渐发红，这是竹子自

方忠金　竹根雕《松下老人》

然氧化的正常现象。对于没做过颜色处理的竹根雕作品，还可以根据颜色的深浅程度，推断出创作的大致年代。

章飞龙　竹根雕《化蝶》

三、象山竹根雕的艺术特色与价值

富含艺术特色与价值是象山竹根雕存在的根本保证。天人同构、化腐朽为神奇、海洋文化是象山竹根雕的三大特色。鲜明、显著的艺术特色令其极具历史人文价值、工艺研究价值、文化交流价值以及经济发展价值。

三、象山竹根雕的艺术特色与价值

特色与价值是两个相关的概念。就竹根雕而言，越有特色，通常价值越高。而特色是否鲜明以及价值的高低则通过题材与内容作为载体才能得以体现。

[壹] 题材内容

象山竹根雕类型丰富、题材广泛。作为以欣赏功能为主的传统美术，其表现内容普遍具有吉祥寓意。

1. 象山竹根雕的类型

早期的象山竹根雕从用途及面貌来看，类似于清代嘉庆年间的竹根雕——《秋叶贡盘》。除祭祀之外，更多的还是作为容器、占卜工具（杯笅）等，出现在普通百姓日常生活的方方面面。在满足实用功能的基础上，聪明的象山竹艺人在物件中增加了少许刻画与雕饰，使其成为欣赏兼实用型的器具；如今的象山竹根雕则主要

作为容器的竹根果盘

作为欣赏品与摆件，在面貌上相比以前有了很大的变化。

象山竹根雕虽然形象上千差万别，但在用途上不外乎以下三类：

（1）实用型

这类器物最大程度地保留竹根的自然形态，做工简易但不显粗糙，基本不雕刻图案、纹样，是兼具实用价值和一定造型美感的日常生活用品。常见的有竹升、竹瓢、竹杓、竹烟斗、竹花插、竹茶匙、竹根笔筒、杯笈、竹根拐杖等。

（2）欣赏兼实用型

这类器物是既注重雕饰的美感和审美价值，又充分发挥实用

吴晓华　竹根雕《风雨携程》

功能的竹根雕作品。常见的有浮雕笔筒、浮雕插花筒、香炉、水盂、笔洗、烟缸、竹盒、竹楹联、臂搁等。由于很好地兼顾了两种功用，因此颇受藏家及玩家青睐。

（3）纯欣赏型

这类器物是精心设计、制作，专供陈列、装饰和赏玩的竹根雕作品。类型有各种圆雕人物、动物、花鸟、鱼虫、瓜果、山水摆件、挂件等。

钱徐彪　竹根雕《福寿至了》

2. 象山竹根雕的题材

象山竹根雕各类表现题材的出现，是从实用型向欣赏型过渡的必然产物。象山竹根雕在题材上多沿用明清时期的传统人物题材，特别是佛教及道教的人物形象，在创作数量上有着明显的优势；其次，与象山的自然环境相关的海洋题材也较为常见。除了传统题材，近年来，偶尔也能看到根据动漫形象来创作的竹根雕作品。

①人物类

题材：佛陀菩萨、罗汉神仙、圣哲贤达、名人高士、才子佳人、文臣武将、仕女童子等。

②动物类

题材：太师少师（大、小狮子）、万象更新（象）、龙腾虎跃、龙凤呈祥、马到成功、闻鸡起舞、耄耋富贵（龟）、一本万利（谐音"一奔万里"，马）、吉祥如意（象）、鹤鹿同春等。

③景物类

题材：高山流水、深山问道、林泉窥月、松阴雅集、庐山观瀑、卧石眠云、携琴访友等。

④花鸟类

题材：喜上眉梢（梅花、喜鹊）、丹凤朝阳、松鹤长春、竹报三多、鹏程万里、梅开二度、竹苞松茂、松柏长青、鸳鸯荷叶、出水芙蓉、桃李争春、花好月圆、连子连孙（莲蓬）、雄鹰展翅等。

⑤**瓜果类**

题材：瓜瓞绵绵（瓜果）、早生贵子（红枣、桂圆）、大吉大利（豆荚、梨）、黄金满地（黄金瓜）、福寿双臻（佛手）、笑口常开（石榴）等。

⑥**鱼虫类**

题材：鲤跃龙门、连年有余（莲叶、鲶鱼）、双鱼吉庆、悠游自在、水欢鱼跃、相濡以沫（鱼）、知足常乐（蜘蛛）、春蚕吐丝等。

郑宝根　竹根雕《有余》（陈其增摄）

⑦**楼船类**

题材：渔舟唱晚、耕海牧渔、满载而归、出没风涛、楼台相会等。

⑧**器皿类**

类型：竹根茶壶、竹节提壶、根形杯、梅花杯、松形笔洗、梅桩水盂、桃形盒子、荷叶水盂等。

⑨**动漫形象类**

题材：中国传统神话传说类动漫人物形象等。

⑩动漫道具类

题材：动漫形象的衍生品，品种多样，较难分类。

3. 象山竹根雕的鉴赏

象山竹根雕随根赋形、造型多变、技艺精湛，在国内外都有一定的影响力。随着作品风格渐趋个性化，象山竹根雕艺人们对不同的题材各有所长，形成了百花齐放的繁荣局面。

（1）山花奖作品鉴赏

"山花奖"是由中国文联、中国民间文艺家协会共同颁发的国家级民间文艺大奖，两年一届，是代表中国民间文艺的最高奖项。截至 2022 年 8 月，在象山竹根雕界，共有张德和、郑宝根、周秉益 3 人的 3 件作品获奖。

①《茅屋·秋风》

《茅屋·秋风》，张德和，2003 年作。2003 年，获"联通杯"首届中国竹工艺精品创作大赛竹雕（刻）类金奖；2007 年，获第八届中国民间文艺山花奖。

该作品由三件独立的单件组合而成，在形式上，突破过去单体、单一和单调的传统面目，向可塑性小、局限性大的竹根雕弱点发起挑战；在内容上，通过营造山前两座茅屋的残破景象，表现唐代大诗人杜甫笔下《茅屋为秋风所破歌》之诗意。作品中，邻家孩童争抢被秋风吹走的草苫，与一旁的杜甫在秋风中静静伫

张德和　竹根雕《茅屋·秋风》

立、倚杖叹息的神情形成强烈对比，令主人公由衷地发出"安得广厦千万间，大庇天下寒士俱欢颜"的感慨；在制作上则采用了"大写意"的表现形式，调动圆雕、浮雕、镂雕、阴刻和乱刀雕等各种技法，富有原创性与强烈的感情色彩。

②《点睛》

《点睛》，郑宝根，2006年作。2009年，获第九届中国民间文艺山花奖。

该作品采用组合雕与局部雕、连体雕、通体雕相结合的创作方式，表现了南北朝时期的画家张僧繇"画龙点睛"的故事。

作者利用扁平的根须团块表现墙面，竹根顶端凸起处作为龙头，将"龙头"附近的根须想象为神龙苍老、遒劲的胡须；对面

郑宝根　竹根雕《点睛》(陈其增摄)

是提笔而立、气定神闲的主人公，似乎早已知晓只要妙笔点睛，龙便会获得灵性，直上九天。

画面定格在神龙探首、伸爪，即将破壁而出的瞬间。龙爪与笔尖将触未触，令人联想到米开朗琪罗的神与人即将指尖轻触的名画《创造亚当》。暗含着经妙手一点，工艺品上升为艺术品，"化腐朽为神奇"的意味。

③《福贵齐芳》

《福贵齐芳》，周秉益，2013 年作。2015 年获第十二届中国民间文艺山花奖。

该作采用传统通体雕结合镂空雕、浮雕等创作手法，在竹根上雕刻出骑牛牧童的形象。整体造型考究、细腻，质地光洁、温润，表现了牧童互相嬉戏的场景，富有一派田园趣味。

作品的难点在于利

周秉益　竹根雕《福贵齐芳》

用材料中空并狭窄的根部，雕刻出四名姿态各异的儿童，且造型完整、合理，充满童趣，特别考验作者的设计、布局能力。其中，孩童相互依偎，一人手持荷叶，一人手捧锦盒，以及底下一大一小两头牛之间亲密、和睦的状态，处处彰显着幸福无忧、和谐美好的主题。

（2）特色题材作品鉴赏

象山竹根雕的一个显著特点是题材多样化。一些深知自己擅长领域的竹根雕艺人，在各自的一番小天地里，不断钻研、深耕，从而形成了自己独有的作品风格。

①文人题材

文人一类题材，象山竹根雕艺人钱沙汀表现得比较多，也非常有特点。从艺多年的他，自拜师张德和之后，受其影响，开始注重开阔眼界、提升人文素养；同时，在书画领域刻苦用功，寻访高师、临摹画作，力求在作品中体现前人高古的气韵。作品格调高雅，以国画的眼光对竹根材料进行构思、布排与创作。此外，尝试对雕刻的刀法（如人物衣褶等）进行突破，来体现国画的笔法，刀工寥寥、意趣盎然，与不熟谙国画技巧且相对缺乏整体掌控力的竹根雕同行相比，在作品面貌上有很大的差异，形成了自己鲜明的、富有书卷味的风格特色，给之后从事象山竹根雕"文人题材"创作的竹艺人，带来不少启发与借鉴。

钱沙汀　竹根雕《瀛海逸客》

②女性题材

女性题材较有代表性的作者是张德和与王群，所创作的该类作品也较多。此外，周秉益创作的女性形象则通过自然本色与仿古色泽的差异，突出柔媚、精致的特点。这类题材是业内公认最难做好的。毕竟，表现女性题材的作品，通常情况下，对外貌的要求要比男性苛刻得多。大家的五官大同小异、差别甚微，为什么有的组合在一起让人怦然心动，有的却受人冷落？更何况在生活中，女士能敷脂抹粉、口红妆点，可以美目盼兮、眉眼传情，而雕刻作品却只能一直顶着一张面孔，要传递出美的感觉，难上加难。

表现女性的作品，要么通过人物姿态、神情反映内心活动，传递意境之美；要么将身形塑造得"妖娆"些，以此吸引目光。相对而言，前者的难度要大很多。

张德和创作的女性形象突出古典的气质，注重端庄、文雅，脸部转折圆润、柔和，没有生硬的截面，大多给人娇羞又不失端庄之感，一颦一笑皆有古典的韵味。张德和的女性作品形象，给人的感觉是：这是古代一位深居简出、对爱情有所向往又自觉羞涩的大家闺秀。

王群的创作更倾

张德和　竹根雕《海螺仙子》

王群　竹根雕《一纸思念》

向于角色动态以及道具的营造，突出女性婀娜、俏皮的感觉。此外，在面相及服装配饰上，王群的作品较接近当代女性的形象，更贴近年轻人的审美喜好。

③和合题材

创作"和合二仙"这类题材较有特色的是周岳奇。他通过前期大量树根雕与竹根雕的制作，在材料处理与利用上显得驾轻就熟。"和合二仙"在造型上弱化了神仙的特征，呈现童趣化的特点。作品造型大胆，整体的把控能力较强，富有故事性；在细节处理上也十分细心，人物生动、活泼；对于孩童形象的塑造多有心得，各有特点，并非千人一面，兼具童真与灵动。

周岳奇　竹根雕《和和乐乐》

④弥勒题材

"弥勒题材"中较有代表性的作者是石小余和蔡海楚。作为以"弥勒""布袋和尚"为专攻方向的石小余，其刀工纯熟、到位，细节、表情，乃至作品的颜色、手感等方面都较为突出。虽然"弥勒"与"布袋和尚"喜笑颜开的特征不难表现，但市面上能见

石小余　竹根雕《自在喜乐》

到的弥勒形象大多平常无奇、千篇一律，令人"嚼之无味"。有鉴于此，石小余在造型小巧的基础上增加了可爱的元素，将孩童的童真与弥勒大肚、开朗的形象进行一番融合，并带有漫画的某些特征。加上流畅的衣纹，使作品精致、饱满、浑然一体，既可欣赏，又宜把玩，每每让赏玩者爱不释手。

蔡海楚以雕刻"弥勒"出名。他的弥勒面相早在多年前就常被当作样板，学习、仿效的人很多。其根雕作品数量之巨、完成之快、理念之新，在象山竹根雕领域乃至整个根雕界都遐迩闻名。他最大的特色在于突破固定的套路与模式，求新、求变，风格、

特色鲜明。比如这件跷着
二郎腿的弥勒作品形象，
尽管"面相"中规中矩，
但在形态和理念方面却独
具想法，摆脱了刻板的造
型与捧着金元宝、笑逐颜
开等庸俗之趣，多了几分
悠闲、调侃的意味。

⑤罗汉与绿林好汉
题材

这两类题材较有代
表性的是孙德仁。此类题
材在象山竹根雕中较少出
现，他用根雕中"扁雕"
的变形创作手法，通过夸
张的造型以及类似喷砂般
粗糙的处理方式，在象山
竹根雕以追求光滑、润泽
的视、触觉体验为主流趋
势的当下，显得剑走偏

蔡海楚　竹根雕《笑看》

孙德仁　竹根雕《罗汉》

锋、独树一帜。同时，这与绿林好汉生性豪放、不修边幅的状态，以及各类罗汉富有突出个性、形象多变的特点，结合得恰到好处、相得益彰。

以上列举只就作品的风格、特色而言，并无褒贬、优劣之分。象山竹根雕的题材与门类远远不止这些；象山竹根雕领域也不乏其他精英、高手，囿于篇幅，只做部分罗列。

[贰] 艺术特色

竹子被誉为"君子"，甚至文人们"宁可食无肉，不可居无竹"，说明它的品格具有不可替代性。所以，作为竹文化的传承人，理应彰显竹子质朴、天然的特性。

竹子是纤维质的，中空外实，内里粗疏，外表光洁，更适合做较浅的雕刻与大面积保留自然的巧雕。

1. 象山竹根雕的主要风格特点

象山竹根雕风格多变、特色鲜明。它的主要风格特点可以概括为天人同构、化腐朽为神奇与海洋文化特色三个方面。

徐洁　竹根雕《采菊东篱下》

1976年，象山油漆匠做的雕花床（部分），画由张苍竹（左、右）、张德和（中）完成

（1）天人同构

民间传统的雕刻也称"雕花"。从古至今，家家户户都需要用到门、窗、床、桶、盘这些器物，"雕花匠"这个职业基本上是依赖于这些家具而存在的。

20世纪70年代初期，象山已经实行"家具雕刻油漆承包制"。在雕刻和油漆家具的价格固定的情况下，手艺人完成得越快越赚钱，没必要去精雕细琢。在经过市场经济的洗汰后，象山

张德和　竹根雕《清水芙蓉》

竹根雕最终走上了"巧"的路线：作品稍加雕琢，以巧见长；依根造型、保留自然，以自然来替代人工。如此，便最大程度地凸显出自身的优势。善于利用根材独特外形的部分象山竹根雕艺人，不但让作品在造型上不易被他人模仿，而且使得竹根雕作品透露出质朴、清新的气息。象山竹根雕的这些探索与改变，最终形成了它最大的特色——天人同构。这体现在如下几点：

首先，按照材料的整体造型特点来构思、制作，即忠实地依据竹根形状特点展开联想。如大而圆的根材宜做"大肚能容天下事"的弥勒菩萨、布袋和尚；纤细、扭曲的竹根宜做仕女等。并且应最大程度地保留自然部分，让观众一看到完成后的作品，就能准确地知道这块材料原先是什么样子。

其次，避免各部分比例失当或者看上去不舒服等情况，整件作品的雕处与未雕处显得和谐、统一，像是人与自然共同配合完成的。

最后，所要表现的艺术形象应当尽量符合材料本身所拥有的

王永平　竹根雕《童子闹春》

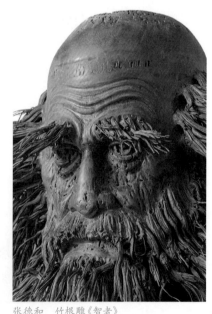

精神特质。竹子历来被视为高洁、正直、雅致的象征，与君子、淑女之类的形象较为匹配，也更符合国人的审美。根据事物的天性，选择相应的题材与人物形象，是"天人同构"的另一种解读。

（2）化腐朽为神奇

做到"天人同构"，利用品相完好的材料的不同形状特征，因材施雕，已经殊为不易，更何况是将腐败、破烂的竹根变成惊艳众人的艺术品，无疑是难上加难。化腐朽为神奇，是象山竹根雕精品令人拍案叫绝的最主要原因，是将"巧"发挥到极致。让人觉得以前没见过、完全出乎意料，才能称为"神奇"。它的理念是：任何材料都可以进行恰如其分的创作、设计，哪怕残破与缺陷也并非一无是处，只要找到合适的表现角度，就能反败为胜。

如张德和的《智者》这件作品，其原材料是一块被虫蛀得千疮百孔，又遭竹根雕艺人抛弃的废竹根。按常理来说，竹根表面要是有很多蛀洞，这件作品便沦为了残次品，没有

张德和 竹根雕《智者》

价值可言。但他经过长时间的构思后，将这些缺陷表现为年老的智者饱经沧桑留下的印痕。大面积蛀洞的现象，非常切合地表现了人物满脸的老年斑和沟壑纵横的面部肌肉，反而让人感觉是故意为之，用以强化表现效果的"点睛之笔"！

而另一件作品《不朽》更为奇特。其材料也是一块被丢弃的竹根，但损坏得更为严重。先是被山民的锄头刨伤，留下一道很深的口子，又被虫蚁与野兽啃食得面目全非，形状十分丑陋。张德和构思数年仍无从下手。后受抗战史的启发，将腐烂部位加以利用，表现战士伤痕累累、血肉模糊的脸部；将农民刨根时不小心留下的锄痕，处理成干瘪、脱水的嘴唇；用周围坚硬的、保留竹笃的部位来作头盔；并把右脸处一块被石头压扁的根须，留作包扎伤口的纱布。整件作品除右眼处做了适当的雕刻外，其余都巧借自然而成；同时，还将局部进行火烤，以渲染残酷的战争气

张德和　竹根雕《不朽》

氛，最后以"不朽"命名，进一步深化主题。至此，完成后的作品流露出一种悲壮和崇高的艺术美，从无人捡拾的破烂根材转变为一件典型的反战主题的优秀作品。

总之，"化腐朽为神奇"的关键在于对缺陷进行合理利用，达到出人意料的效果。

（3）海洋文化特色

象山竹根雕作品中蕴藏着大量的海洋元素，这全部得益于象山周边的海洋环境和博大精深的海洋文化。

首先，空心、桶状的竹根材料，取其一半，正好可以作为天然的船身；密匝的竹根须，可以巧借、处理成为斗笠与蓑衣，无需雕琢，便已成型。于是，海洋题材以其简便、合理、巧妙与符合地域特色，迅速成为象山竹根雕艺人热衷表现的题材之一。

其次，在此基础上，象山竹根雕艺人善于发掘海洋文化中的

杨斌　竹根雕《一路和合》

张德和　竹根雕《出没风涛》

精神内核，例如郑宝根的《渔舟唱晚》、张德和的《出没风涛》等作品，表现了渔民不畏艰险，风餐露宿，自信果敢、勇立潮头的精神。其不仅生动刻画了渔翁的形象，而且反映了象山先民以船为家、耕海牧渔、奋勇拼搏的斗志与决心。此外，如作品《休渔》以及林海仁的《善待海洋》等，着眼于当地的海洋政策、保护理念，从另一角度——海洋资源的珍惜、保护方面，表现了人类与海洋相互依存、和谐共处、"善待海洋就是善待人类自己"的主题。

　　最后，作为有着"海山仙子国"之誉的象山，借用竹根雕作品展现海洋文化的独特、神奇，自然不可或缺。如张德和的《海螺仙子》、肖吉方的《海的女儿》等，通过富有神话色彩的人物形象，传递出海洋的奇异、秀丽之美。

张德和　竹根雕《休渔》

此外，林海仁的《渔文化茶道系列产品》等，将海星、海马、章鱼、鲳鱼等一系列水族形象与茶道、茶具等日用品结合在一起，充满趣味与生活气息。

2. 与他地竹根雕风格上的差异

象山竹根雕已成为颇具辨识度的一项传统美术工艺。经过数十年的努力，当地的非遗传承人对根须、竹节甚至内部结构的利用更合理、成熟且富有特色，与他地风格

肖吉方　竹根雕《海的女儿》（吴永利摄）

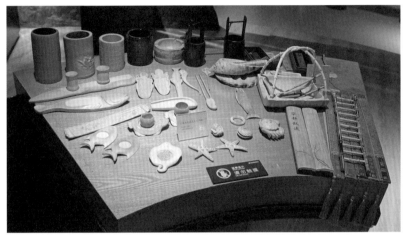

林海仁企业生产的竹根雕《渔文化茶道系列产品》

差异明显。

　　例如，东阳竹根雕的很多手艺人，原先从事的是东阳木雕，因此，作品中"东阳木雕"的味道较为浓厚。雕工精细、注重细节、富有开拓性是以杨国强、周桂新等为代表的东阳竹根雕艺人较为显著的特点。

　　以俞田为代表的嵊州竹根雕则将古代的人物形象和现实生活中司空见惯的场景糅合于一体，专门营造传统艺术中不屑去表现，却又富有浓厚生活气息的场景。通过夸张变形、带有稚拙感的人物神情、姿态，致力于普通百姓小情绪、小心思的表达，充满戏剧性，具备当代艺术的重要特征，展现出竹根雕的另一番面貌。

　　以葛安飞等为代表的宁海竹根雕，题材多以山水、渔翁之类

俞田　嵊州竹根雕《缺一不可》

为主。与"树大于山"，将松、柳、梅等作为大型、重点塑造对象，
体现做工考究的传统象山竹根雕不同，"宁海竹根雕"山水题材中
的树木及人物，通常只有指甲盖大小，衬托出山岩的高大、险峻
与意境的辽阔、深远；浦江、奉化等地的竹雕艺人在创作上则坚
持以传统题材为主，风格变化不大；等等。

　　浙江各地的竹根雕在表现形式上可谓各有千秋，都有自己的
特点与优势。但就根材自然部分的利用率而言，象山竹根雕作品
在江浙一带乃至全国范围内，自然保留度最高，同时也最注重对

王春六　象山竹根雕《渔樵耕读》

根、须、疤、节等竹根自身语言的运用。在浙江各地、各类型的竹根雕作品中几乎一眼就能认出哪些是象山竹根雕的作品。

[叁] 重要价值

价值与特色是密切相关的两个概念。特色越鲜明，相对来说，价值往往越高，知名度与影响力也越大。象山竹根雕的重要价值主要体现在如下几个方面：

1.历史人文价值

象山有着6000多年的文化史。当地先民对竹子材质的利用从简单的竹片、杯笺、斗、升等开始，到实用与欣赏功能兼具的用品，再到以欣赏为主的竹根雕，实际上可以看作是一部地方版的竹子文化发展史，具有很高的历史文化研究价值。

同时，对于象山竹根雕的创作者而言，我国传统文化的代表和精髓——儒、释、道的精神与形象，自然而然地成为创作的主要题材。如代表儒家的文人、书童；佛家的观音、弥勒佛、布袋和尚、和合二仙；道家的渔翁、钟馗、福禄寿三星以及象征福禄寿的蝙蝠、梅花鹿、寿桃；还有如意、佛手等，在象山竹根雕中都比较常见。

多数象山竹根雕艺人是按照世俗化的理解来表现传统文化及其所蕴含的精神的，作品可以看作是某种程度上的精神寄托。例如，书童是理想化的孩子形象，通常抱着书卷或画卷，在文人一侧恭敬侍立，含有对小孩知书达理、乖巧懂事的期待；渔翁代表了"小投入、大收获"的愿望；弥勒，喜欢做成笑逐颜开或者捧着大元宝的形象，寓意告别贫穷的烦恼，和气生财、招财进宝；"和合二仙"有夫妻美满和谐、一家和睦的寓意；福禄寿三星、佛手等，含有对多福多寿的期望；至于钟馗，则蕴含祈求避

顾松乾　竹根雕《乐者寿》

郑明祥　竹根雕《天伦之乐》

吴晓华 竹根雕《高士浮槎》

开灾祸、保佑平安等寓意。这些都是普通老百姓最朴素、直白的内心想法。

还有一部分象山竹根雕艺人的创作，比如做文人，忧国忧民、眉头紧锁，体现出心系苍生、不为名利所动的格局；做弥勒，突出大度能容，表现自在、放卜的心境，会心的笑容如阳光、微风般舒适、惬意。他们总想探索、表现各种人物

何益平 竹根雕《想当年》

的内心世界，穷究事物的真谛。另有一些艺人的作品则包含较强
的社会批判，作品中往往带有戏谑、调侃的成分，让人耳目一新
的同时，还能给人以深刻的反思。

此外，对于具体的人来说，作品的面貌往往具有阶段性，不
是一成不变的，很可能随着生活阅历的增长、眼界的提高而发生
较大的变化。这些心理的转变过程，通过不同阶段的作品得以体
现，也是一项非常有意思且值得研究的课题。

2. 工艺研究价值

象山竹根雕特色鲜明，在工艺研究方面也有着很大的研究价
值。首先是"仿古法"的出现。它在很短的时间内，通常是几天
时间，将刚完工的竹根雕作品变
成有年代感、色泽古朴的"古董"，
这是一项凝结并充分体现着劳动
人民智慧的技艺。象山竹根雕之
所以能够在 20 世纪 80 年代打进
国际市场，也得益于"仿古法"
的成功研制。当时，为了研究竹
根雕"仿古法"，历经几百次的试
验、数十种原料的尝试，从水色、
油色、常规的染色剂，到工业原

郑宝根　竹根雕《吉祥》(陈其增摄)

料的运用以及各种原料的配比和最后的效果呈现，都为象山竹根雕这项非遗留下了宝贵、详实的工艺研究资料。

其次，象山竹根雕"局部巧雕法"的创新、发明，也有着极为重要的工艺研究价值。以前的竹根雕，特别是明清时期以欣赏功能为主的竹根雕，基本都是"通体雕"，竹根自身的材质特点与美感很难得到体现。20世纪90年代初，随着象山竹根雕"局部巧雕法"的兴起与广泛应用，大大提高了象山竹根雕的地位与价值。其随物赋形、因材施刀、保留自然的独特理念与设计，将象山竹根雕从可以批量复制的工艺品转变为独一无二的艺术佳作，在工艺美术界乃至艺术界产生了深远的影响。

欧昌宗　竹根雕《老者》

肖吉方　竹根雕《秀》

郑佳海　竹根雕《献寿》

　　时至今日，仍然有很多其他门类的雕刻艺人延续象山竹根雕的艺术风格。究其原因，具有代表性的象山竹根雕作品，运用"天人同构""似像非像"的独特表现形式，没有固定的刀法，几乎全凭个人感觉和审美，注重自然与人工的有机结合以及整体意境的表达。

　　象山竹根雕的技艺非常难学，与常规的雕刻技法有所不同。单论形象，基本功扎实的木雕艺人能做得非常写实、精致，但是，做不出"似与不似之间"的艺术效果与味道。越写实，反而与保留的自然部分越脱节，显得格格不入。由于表现方式的与众不同，只求效果、没有定式，以及雕和不雕处还能够协调统一、浑然一体，使得象山竹根雕更具工艺研究价值。

3. 文化交流价值

象山竹根雕以其代表的竹文化，在国际上有着广泛深远的影响。代表性传承人等曾多次作为传统文化的代表，赴法、美、日、韩、希腊、以色列、阿曼等国家进行文化交流、展演，深受好评，收到"化腐朽为神奇"等赞誉，作品还曾被选为国礼赠送外国首

朱永良　竹根雕《和合有福》

脑，体现着文化交流方面的作用与价值。

象山竹根雕以其独特的风格对周边省市的工艺美术创作也产生了一定的影响。如 20 世纪 90 年代兴起的东阳竹根雕，由于艺人接触到"局部巧雕"的象山竹根雕，以及与象山竹根雕艺人的频繁交流，其作品也具有象山竹根雕的某些特征，但从整体上看，还是很容易和象山竹根雕作品区别开来。此外，有部分象山竹根雕艺人到东阳竹根雕厂从事创作，在学习、吸收了东阳竹根雕、东阳木雕的技艺特点后，逐渐形成了精细、注重刀工的风格。还有一些象山竹根雕艺人从杭州、嵊州等地的树根雕创作中得到启发，将不一样的艺术表现形式运用到象山竹根雕上，令象山竹根雕的技法更加多元。

2021 年，鄞州竹根雕跻身"宁波市非物质文化遗产代表性项目"，竹根雕艺人朱李军成为鄞州竹根雕的代表性传承人。鄞州竹根雕或可视为象山竹根雕的一大支脉，亦是文化交流、融通的成果与见证。

4. 经济发展价值

象山竹根雕所依托的竹林资源在当今社会极具优势与价值，国家对于竹产业的发展也越来越重视。2021 年 11 月，国家发展和改革委、国家林业和草原局、科技部、财政部等 10 部门联合印发《关于加快推进竹产业创新发展的意见》。《意见》中指出，要大力

俞建伟　竹根雕《相思》

保护和培育优质竹林资源，构建完备的现代竹产业体系。争取到2025年，全国竹产业总产值突破7000亿元。到2035年，全国竹产业总产值超过1万亿元，成为世界竹产业强国。

作为竹产业重要原料的毛竹，绿色环保、成材期短、繁殖能力强，是十分理想的可再生资源。竹子砍伐后留下的漫山遍野的根桩，更是取之不尽、用之不竭。若不及时处理，地下庞大的根

俞杰　竹根雕《圣诞老人》

系反倒会严重影响新竹的生长。而对于山民来说，采挖、售卖这些毛竹根桩，无疑是一件"无本万利"的好事。

据《象山县志》记载，2000 年，全县竹制品加工企业已达 10 余家，员工和销售人员 5000 余人。每年消耗原竹 200 万株，占全县原竹产量的 60%。200 万株原竹消耗，意味着留下同等数量的竹根原料，可见竹根经济发展潜力之巨大。

虽然原材料的成本不高，象山竹根雕产品的价格却并不低廉。由于注重保留材料的形态与自然肌理，象山竹根雕不太适合机器

朱敬辉　竹根雕《秋趣》

化生产；同时，"每块材料单独构思"的特点，又摆脱了工艺品批量生产的同质感，进一步提升了象山竹根雕的经济价值和艺术价值。自2010年以来，一般作品的价格基本在千元上下，超万元的精品亦屡见不鲜。当地俯拾皆是的材料，在被赋予文化内涵和精湛技艺之后，价值可以数百倍地提升。

如今的象山竹根雕形成了完整的"采挖—生产—销售"的产业链，各个环节都有较为稳定的从业群体。负责竹根雕作品销售的商家纷纷入驻淘宝、闲鱼、抖音等平台，直接、间接带动相关就业、创业人数上千人，为实现乡村振兴、带动共同富裕发挥着积极的作用。

在文旅融合方面，象山竹根雕企业围绕当地的"海洋文化"，开发出相关的文创产品、旅游纪念品等，以造型简洁、制作简便、价格亲民、量大面广等优势，深受年轻消费群体的喜爱与市场的青睐。

随着时代的进步和消费观念的升级，研学体验、海洋文化、竹文化教育普及、住宿餐饮等相互融合的"文化深度游"模式，将逐渐成为当地文化旅游产业未来发展的新趋势。在视听娱乐、生活消费中处处体现着竹元素，让竹文化真正实现可居、可购、可游，其对经济发展的价值将更为显著。

[肆]专家评论

竹根雕刻之艺术成就基于对物质材料之优越性之发现与控制。

——王朝闻（中华全国美学学会原会长、美学家、雕塑家）

象山竹根雕最近几年发展比较快，有很大的提高。一是他们很注意技术；二是他们对"道"也很重视。

——杨成寅（浙江省美学学会原会长、美术理论家、雕塑家）

根中魂，刀下神。

——乌丙安（民俗学家、中国民俗学会原副理事长）

竹根木屑，包罗万象，胸中丘壑，掌里文章。

——吴良镛（国家最高科学技术奖获得者、两院院士、建筑学家）

雕镂造化万象，镌刻华夏神韵。

——余秋雨（作家、学者）

浙江象山竹根雕艺术是中国传统竹艺雕刻中绚丽的奇葩。

——唐克美（中国工艺美术学会副理事长）

根魂藏沃土，巧思出朴心。

——田青（中国艺术研究院宗教艺术中心主任）

象山竹根雕是在历史流变与特定地域文化中孕育形成的，具有深厚历史价值、文化价值和学术价值的国家级非物质文化遗产代表性项目。

——张锠（中国民间文艺家协会副主席，雕塑家）

象山竹根雕的特色是以竹子、竹根、竹须为材质，比较高雅，是一个不能重复的艺术。

——高照（中国美术学院雕塑系教授）

竹子的美，在其器，更在其道，是器和道融合之美。所以，竹根雕一出现，就特别受到人们的喜爱。

——高而颐（中国美术学院教授、油画家）

评"浙江新三雕"或"浙江新四雕"，象山竹根雕无疑是第一雕。

——都一兵（浙江省非遗保护专家）

象山竹根雕作为区域富有特色的民间工艺，能出现像张德和这样成熟的艺术家，足以说明竹根雕艺术的创作队伍的壮大，以及象山文化底蕴的深厚。

——杭间（浙江省民间文艺家协会主席、博士生导师）

要当好一个艺术家，首先要当好工匠。象山竹根雕的"工匠们"，化腐朽为神奇，真了不起，他们才是真正的民间艺术家。

——曹意强（中国美术学院艺术人文学院教授、博士生导师）

中国是竹子的国度，竹文化源远流长。象山竹根雕不仅传承其民间的趣味与技法，也善于融汇古典文人的品味，形成了自身独特的文化传统，造就了一代又一代的根雕艺人。

——杨振宇（中国美术学院艺术人文学院教授、博士生导师）

非物质文化遗产的保护传承和发展，关键在人。正是以张德和大师为代表的象山竹根雕传承人的不懈努力和传承实践，铸就了今天的大好局面。创作水平和质量都达到了一个新高度。

——王其全（浙江省非遗保护专家、中国美术学院教授）

世界的竹根雕看中国，中国的竹根雕看浙江，浙江的竹根雕看象山。

——张所照（中国工艺美术学会木雕艺术专业委员会副会长）

象山竹根雕已成为一种艺术品，艺术家队伍已形成一定的规模，象山竹根雕已经显示出了"浙江名雕"艺术基本形态。

——周静书（浙江省民间文艺家协会原副主席）

四、象山竹根雕的保护和传承

在各级传承人与传承基地以及当地政府高度重视并出台相关政策的配合下，象山竹根雕在保护和传承方面积极活跃、内容多样、成效显著。

四、象山竹根雕的保护和传承

象山竹根雕在当地政府和有关部门的高度重视下，由民间艺人从事的普通手工艺门类发展为"国家级非遗"项目，取得了令人瞩目的成就。当地多次出台扶助政策，为象山竹根雕的持续发展保驾护航；传承人群频频参加各类展览展示活动并获奖；代表性传承人还建立免费开放的艺术馆与传承基地，展陈竹根雕作品，并面向市民群众开展讲座及研学活动，极大地提升了项目的社会影响力。

［壹］存续状况

象山竹根雕传承发展良好。竹根雕创作的主力军——出生于20世纪60年代至80年代的传承人，正处于创作的旺盛期，青年一代作者也是项目传承的有生力量。

1. 象山竹根雕的现状

象山竹根雕属于典型的小作坊式生产，社会需求量不是很大。其发展方向可以粗略地分为产业化与精品化两条路线。产业化的产品多是和日常生活紧密联系的勺子、竹根盆、茶具类物品，雕刻成分很少，价格也较亲民；精品化则走纯欣赏品路线，突出作

象山竹根雕艺人的工作室

品的神韵、意境，具有一定的收藏价值。

截至 2022 年 8 月底，象山县境内已拥有竹雕文化创意产业园 1 家，竹刻、竹根雕类艺术馆 7 家；中国工艺美术大师 1 人，亚太地区竹工艺大师 1 人，高级工艺美术师 8 人，浙江省工艺美术大师 6 人；累计获得省级、国家级奖项超 500 项；尚在从业人员 120 余人。其中，张德和的《茅屋·秋风》、郑宝根的《点睛》、周秉益的《福贵齐芳》等竹根雕作品先后获中国民间文艺山花奖；张德和的《清水芙蓉》、周秉益的《清风和韵》《酒魂》等作品被国家博物馆收藏。至于像中国工艺美术馆、中国竹子博物馆以及浙江省博物馆、宁波博物馆之类的省市级博物馆收藏的象山竹根雕

象山竹根雕部分中青年艺人合影

名家、高手的作品，更是不胜枚举。

　　从年龄构成来看，象山竹根雕艺人主要出生于 20 世纪 60 年代至 80 年代，也是这项"非遗"承上启下的中坚力量。进入 21 世纪 20 年代，随着网络直播行业的兴起，部分年轻的象山竹根雕艺人抓住机遇，作品在直播圈内享有较高知名度。与以前创作者居于绝对的主导地位不同，新模式下，经验丰富的收藏家针对具体细节指导手艺人进行创作、调整，并高价收藏、投资其作品，使竹根雕艺人的认知水平与作品档次得以迅速提升，可视为一个双赢的结果。

2. 象山竹根雕的传承思考

　　象山竹根雕作为延续至今的传统手工艺，随着时代环境的变

象山竹根雕艺人为宁波建设工程学校学生上竹根雕制作课程

迁、手艺人观念的日新月异，如何更好地去传承是不得不考虑的问题。

　　80后之前的传承人基本都是初中甚至小学毕业就从事这项手艺。现在的学徒，至少是高中或大学毕业，再来从事这项技艺。学徒的认知达到一定的水平，传承人的学识水平与教学能力也需要相应的提高，教学的难度就比以前大了许多。传承人应当接受"学徒队伍"已经发生改变的事实，与时俱进地改善教学方式，以便更好地将技艺传承下去；同时，需要依靠政府等多个层面来促使国人观念发生转变，并逐步提高手艺人的素养、待遇及相应的社会地位，非遗队伍的壮大才有切实的保证。

象山竹根雕市级代表性传承人周秉益对学徒进行创作指导

  传统的师父带徒弟注重"言传身教"。师父要教导的不仅仅是一门技艺，更是人品、待人接物等一系列做人的规范、规矩。如此代代相传，师门才能不断昌盛。这种传承保证了质量与行业口碑，对于现今非遗的传承与发展也有着重要意义。

  在非遗传承中，徒弟的主观能动性很重要。民间工艺传承需要徒弟自己去用心观看，并反复琢磨、认真体悟。"观看"不单指学习师父如何流畅地完成制作，更重要的是，通过体悟师父面对各种各样情况时采取独特应对方法的过程，使学徒对这门技艺产生更多、更深的思考。

3. 传承与创新

现代教育对非遗传承有着重要的作用。从事象山竹根雕制作的民间手艺人在 20 世纪甚至更早的年代，接触到的都是民间的年画、版画、传统的民间木雕之类。这些作品拥有较浓郁的民间工艺色彩，大同小异、造型夸张，有些甚至完全不合人体比例，如寿星的大脑门、高额头，"美人无肩、将军无颈"等，都是千百年来经过优胜劣汰后留存下来的传统表现方式。以前的传承人在相对闭塞的大环境中，不断模仿为数不多的经典，不知不觉受到长期的熏陶，形成了较为固定、统一的审美观。

进入 21 世纪，由于互联网技术的迅速发展与智能手

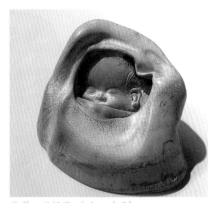

张翼　竹根雕《睡吧 宝贝》

王传帮　竹根雕《荷塘雅韵》

象山竹根雕

翁承利 竹根雕《金婚》

机的普及，不仅使得普通人获取信息、资源的途径增多，各种资料更是呈现爆发式的增长。受时代影响，一些不同的风格、理念对传承人的传承、创新造成了较大的冲击。社会地位、经济收入、文化水平上的差距，以及文化的多元化，影响着非遗的发展。我们需要认识到，地域化的风格特点和民间的表达方式不仅不是短板，反而使得我们的非遗极具中国特色。同时，这也应是传承人努力奋斗的方向——既有特色又有品位与辨识度，还能受到大众的青睐。正是象山竹根雕传承下来的、较为完整的创作体系，彰显了项目自身的价值。

非遗传承人应深入理解、继续吸收传统文化的精华，增强对我国传统文化的认同感与自豪感，坚定信念，立足传统文化与地域特征，同时以创新的作品来引领市场。

[贰] 传承谱系和代表人物

象山竹根雕在明清时期甚至更早，以实用型器物的面貌出现在当地百姓的日常生活中。由于相关资料的缺失，仅有极少作品传世或是文献偶尔提及，没有系统性的记载。从活跃于1949年前后的张小泉起，象山竹根雕不仅有大量竹器传世，还流传着相关的故事和工艺诀窍。自此，象山竹根雕的传承逐渐明晰，相关史料也更加丰富、详实。

1. 较有影响力的老艺人

张小泉（1905—1988），男，原为象山县西周镇初坑村人，象山民间著名篾作匠。1957年，家遭火灾，举家迁至西周镇牌头村。张小泉身怀绝技，为人善良、

陈善国　竹根雕《鬼谷子》

乐观、自信、豪逸，为艺认真执着、一丝不苟、精益求精，其人其名，附近乡镇几乎妇孺皆知。他不仅会编织竹篮、竹筐、竹箱，而且更擅长拗竹椅、竹榻、竹台、竹介橱，这些物品有些历经半个多世纪，到现在还能正常使用，牢固如初。他不但会做篾作，还会做"翻簧"，能在所做器物的翻簧板面、竹青面上做些雕花、刻字。张小泉有两子，皆随其学篾作；此外，附近村镇的很多村民也都跟随他学过竹工艺。作为生活在竹乡的著名手艺人，他不仅以其独到的经验解决了困扰象山竹根雕多年的"防蛀"难题，还为当地留下了有关竹子的文化记忆，使得竹元素深入人心。

张小泉1953年制作、目前仍完好如初的留青竹介橱，与他的两个儿子张和平（右）、张永平（左）

张苍竹（1942—），男，象山县西周镇车岭村人，原名张昌筑。1996年任浙江省根艺美术学会常务理事，喜绘画，能山水、人物、花鸟等。1962年，因家境贫困，高中辍学，先后在下沈、儒雅洋、尖坑等地小学任教，其间曾务农两年。1968年，拜民间老艺人石才兴学油漆及雕刻。1970年出师，自立门户，从事民间家具雕漆手艺。徒弟有张德和、赖其学、张

张苍竹近照

国兴等。1978年，产生办雕刻厂的想法，并领头组织了郑裕泉、张德和、郑宝根、何幼真、赖其学、鲍国君、周爱平、张继良等9人，通过走访宁波、奉化、宁海等地的工艺美术厂，进行了解、考察。在奉化工艺美术厂看到有人仿制明清时期的竹根雕，受到启发，大家也开始摸索、制作竹根雕。因试销未果，转而生产树根雕，一起创办了象山县西周区工艺美术厂，任副厂长。1984年，进入象山丹城出口工艺美术厂，从事竹根雕生产制作。之后，又回到西周开办竹根雕厂。张苍竹是象山竹根雕历史上一位优秀的组织者，他能抓准时机、及时转型，为20世纪70年代末象山竹

张苍竹　竹根雕《天乐》

根雕的萌芽，起到了至关重要的作用。可以说，没有最初办厂的
意愿与契机，就不会有如今象山竹根雕种种繁荣的面貌。

　　郑宝根（1957—2009），男，
象山县茅洋乡南充村人。中国根
艺美术大师，宁波十佳民间艺术
家，第七、八届象山县政协委员，
国家级非遗（象山竹根雕）县级
代表性传承人。1972年，拜师鲍
斯秋学漆艺及雕刻。1975年学成
出师，并以此谋生。1978年起开
始接触并创作竹根雕。有《两小
有猜》《窥视人间》等20多件作

已故象山竹根雕名艺人郑宝根

品在省、全国级和国际性展览中获得金、银奖。其中，1986年，其竹根雕作品《沙僧》在洛杉矶博览会上亮相；1987年，《沙僧》获浙江省新、优、名、特产品"金鹰奖"，是象山竹根雕获得的第一个省级以上奖项。他有数百件作品被国内外人士、博物馆收藏，作品《高原之春》《白石老人肖像》被国家广电

郑宝根　竹根雕《环佩宽望》（陈其增摄）

总局收藏。1998年，《渔趣》获首届中国国际民间艺术博览会金奖；《长青瓶》《渔舟唱晚》等获刘开渠根艺奖金奖；2009年，竹根雕作品《点睛》获第九届中国民间文艺山花奖。1998年，应邀参加第四届中国民间艺术节并作"中国一绝"技术表演；2001年6月，应邀到中央电视台建党80周年相关活动现场进行竹根雕技艺表演，在《美术星空》栏目中播放；2001年11月，受浙江省政府选派赴希腊进行访问、展出、文化交流，并作现场示范表演。其作品传统功底扎实，涉及题材广泛，刀法精湛、色泽古朴，对于

材料有很强的处理、应变能力，在象山竹根雕界拥有相当的地位和影响力。徒弟有石永生、郑振和、朱仁苗等。

2. 各级代表性传承人

截至 2022 年 8 月，象山竹根雕共有省级代表性传承人 1 人，市级代表性传承人 2 人，县级代表性传承人 1 人。

（1）省级代表性传承人（1 人）

张德和（1955— ），男，象山县西周镇沙泉村人。中国工艺美术大师、高级工艺美术师，亚太地区竹工艺大师，中国木雕艺术大师，中国竹工艺专业委员会常务副主任，第十二、十三、十四届宁波市政协委员，宁波市文化名家，象山竹根雕的开拓者和领头人，国家级非遗（象山竹根雕）省级代表性传承人。1970 年，师从张苍竹学习雕花、漆艺。1978 年起，受明清竹根

张德和工作照

雕的启发，从事竹根雕艺术的探索与研究，成功研制出仿古竹根雕法；先后发明局部巧雕、连体雕、乱刀雕、内外自然肌理巧雕等多种技法且在业内全面推广，影响和造就了一大批竹根雕艺人。

带徒陈春荣、朱利勇、钱沙汀、张翼等。其作品注重天趣与人工的有机结合，创作涵盖面广，对于人物精神、气质的把握颇有心得，尤擅文人及仕女形象的刻画。并以构思巧、立意高著称。先后在国际、国内大展中获金奖 60 余次（刘开渠根艺奖金奖、百花奖、中国民间艺术山花奖等），数百件作品被各大博物馆（国家博物馆、中国工艺美术馆等）及国内外藏家收藏；多次受国家及地方委派赴法、美、日、韩等国作文化交流、展演。同时，潜心文艺理论研究，提出"雕而不雕、不雕而雕"说等专业理论，为同道与学术界所推重。2019 年，出版 30 万字的学术专著《雕根问道——德和谈艺录》。2006 年，建成集创作研究、展示培训、非遗传承等功能为一体的象山德和根艺美术馆，2021 年被列为国家级非物质文化遗产——象山竹根雕代表性项目保护单位。

（2）市级代表性传承人（2人）

周秉益（1964—），男，象山县大徐镇人。艺名一沙，中国民主同盟盟员，第十五、十六届宁波市政协委员。高级工艺美术师、中国根艺美术大师、浙江省工

周秉益近照

周秉益　竹根雕《书趣》

艺美术大师、浙江省根雕艺术"中青年十大名师"之一、国家级
非遗（象山竹根雕）市级代表性传承人、象山一沙根雕艺术馆馆
长。2018年成立周秉益——宁波市文艺家工作室。1982年开始
接触竹根雕，他博采众长，为已所用，凭借出色的美术功底，熟
练掌握象山竹根雕的各种表现题材与技法。作为象山竹根雕"60
后"的佼佼者，多次代表象山竹根雕出访过以色列、阿曼等国家和地区，进行文化交流和作品展演，受到高度赞誉。2015年，竹根雕代表作品《福贵齐芳》获第十二届中国民间文艺山花奖；2016年和2018年，《清风和韵》《酒魂》分别被国家博物馆收藏；《书趣》入选2020年第五届中国当代工艺美术双年展。其作品表现题材多样、刀工细腻流畅，颜色光洁润泽、造型圆润饱满，手感极佳，善于表现仕女、文人及孩童形象。徒弟有吴晓华、俞杰、王永平等。

朱利勇（1965— ），男，象山县西周镇人。象山利勇竹木根雕有限公司总经理，中国民间雕刻艺术大师、浙江省工艺美术大师、高级工艺美术师、省级"百千万"第二层次拔尖人才、宁波市技能大师工作室领头人、东钱湖旅游学校外聘专家、国家级非遗（象山竹根雕）市级代表性传承人。1984年开始随舅舅孙鑫泉学竹根雕。

朱利勇近照

朱利勇　竹根雕《百年前》

1986年进入丹城出口工艺美术厂生产、制作竹根雕，得张德和指导。其作品题材主要源于生活、源于普通的市民，散发着强烈的民俗性、民间性，个性十足。同时，善于利用幽默、夸张的漫画式手法，使人物形象生动有趣、特点鲜明。从艺术风格来说，通过夸张的表情塑造人物形象，具有很强的视觉冲击力，雕刻手法以及雕刻工艺自成一派。作品《鼓乐小虎队》荣获工艺美术最高奖项"百花奖"金奖。徒弟有罗德振、任斌斌等。朱利勇的作品最大的特点是诙谐、幽默，善于表现近现代人物的形象，对于人物衣饰及手中小道具的运用，十分大胆、不落窠臼，符合人物气质且贴近现实生活。

（3）县级代表性传承人（1人）

方忠孟（1966— ），男，象山县墙头镇人。中国工艺美术协会会员、浙江省工艺美术行业协会理事、宁波工艺美术协会理事、象山县文联工艺美术家协会副主席、浙江省根雕艺术"中青年十大名师"之一、高级工艺美术师、浙江省工艺美术大师、象山宏达根雕有限公司总经理、象山在水一方文化旅游服务有限公司总经理、国家级非遗（象山竹根雕）县级代表性传承人。1984年，跟随师父方忠金从事竹根雕制作。1995年，创办象山宏达根雕有限公司，产品远销美国、法国、日本、西班牙等国，公司被评为"象山县农业龙头企业""浙江省旅游商品定点生

方忠孟近照

方忠孟　竹根雕《开心老太》

产企业"，"竹仙牌"竹根雕被评为"宁波市十佳旅游商品"。荣获"2009—2012 年浙江省工艺美术行业协会优秀人才奖"，2013年获"品牌宁波（行业）杰出人物"称号。先后带徒 20 余人，其中，具有宁波市工艺美术大师、工艺美术师资格的有 10 余人。方忠孟的作品色泽典雅、传统感强，无论是技法、题材乃至造型特点，都更偏向于传统，擅长表现弥勒及老人之类形象。

3. 高级工艺美术师与省级大师

朱至林（1957— ），男，象山县西周镇人。高级工艺美术师、宁波市工艺美术大师、全国竹工艺专业委员会常委、宁波市工艺美术行业协会理事、象山县文联工

朱至林工作照

艺美术家协会理事、全国乡村青年民间工艺能手、浙江根艺美术名家。1973 年起，跟随民间艺人赖其学从事民间雕刻、油漆工艺。1980 年起，接触竹根雕刻，跟随张德和学习竹根雕技艺；此后，专业从事竹根创作和研究 40 余年，是象山竹根雕产业的第一批中坚力量。曾先后参与组建、创办西周区工艺美术厂和象山县工艺美术公司。2011 年创办象山县西周至林工艺美术创作室。2001—

2003 年间，受浙江安吉县人民政府聘用，传授竹根雕技艺。为竹根雕行业培养了一批艺术人才，十余件作品获得省级及国家级展览金银奖，数十件作品被行家、名人及博物馆收藏。徒弟有周岳奇等。朱至林深耕传统题材，对传统题材及表现形式情有独钟。从艺以来，坚持以通体雕、镂空雕为主要创作手法，传统功底深厚、做工考究，可以说是将象山竹根雕的传统保留得最好的一位传承人。

朱至林　竹根雕《鹤鹿同春》
（吴永利摄）

林海仁（1972—　），男，象山县人。高级工艺美术师、浙江省"万人计划"传统工艺领军人才、浙江省"百千万"高技能领军人才、浙江省工艺美术大师、浙江省首席技师、宁波市优秀高技能人才、第十一届象山县政协

林海仁近照

林海仁 竹根雕 《就对你说》

委员、象山县首届"半岛金匠"。 1990 年开始接触、自学竹根雕；

1993 年跟随哥哥林海彪学习竹根雕技艺。潜心坚守竹雕 30 载，所

创作品有 30 余件荣获国家级、省级比赛奖项。其中，《就对你说》

获得中国工艺美术"百花奖"金奖；《醉春》获得"刘开渠根艺奖"

金奖；《先民》获中国根雕艺术精品展金奖；《和合》获浙江工艺美

术精品博览会特等奖；创作的地域特色竹雕文创产品《渔文化茶

道文创品》被评为"浙江省优秀非遗旅游商品"等。2018 年，成

立了以非遗竹雕文化为中心的产业示范基地——象山竹雕文化创

意产业园。林海仁擅长表现和合、仕女类题材，作品细腻、富有趣味性，特别注重人物的动态、线条；在作品的命名上比较清新，不落俗套，很好地强化了作品的表现效果。徒弟有蔡勇产等。

王群（1972— ），男，象山县石浦镇人。高级工艺美术师、浙江省根艺美术名家、宁波市工艺美术大师、宁波市"十佳青年文艺之星"、第十届象山县政协委员、中国高级根艺美术师、中国根艺美术学会会员。1988 年，师从章如方学习竹根雕制作。1990年，拜韩建国为师，2007 年后，在张德和处学习和进修。经过多年的勤奋学习、摸索和发展，终于在根艺界脱颖而出，成为象山竹根雕的后起之秀。作品先后获得刘开渠根艺奖金奖、"百花杯"中国工艺美术精品展金奖等奖项16 项。2008 年起，极力摆脱象山传统竹根雕的模式，以不破不立的思维大胆创新，并结合木雕构

王群工作照

王群　竹根雕《找》

图风格，对竹根原材料进行剖开再创作，展现了"开竹雕"技法的独特魅力。2009年，王群根雕艺术作品展在宁波美术馆开展，2012年开始涉及宁波大松石雕刻创作，2017年成立大松石雕工作室。2019年10月，入驻茅洋粮仓，致力于打造"竹文化主题艺术馆"。徒弟有鲍晨东、陈武敏、郑广林等。

陈春荣（1974— ），男，象山县西周镇牌头村人。高级工艺美术师、浙江省工艺美术大师、亚太地区竹工艺名匠、宁波市非物质文化遗产——象山竹刻代表性传承人，春荣竹刻艺术馆馆长。1988年，进入象山县丹城出口工艺美术厂，师从张赛利学习竹根雕刻，后又得张德和指导。20世纪末，赴上海，专攻嘉定竹刻。涉猎人物、动物、山水、花鸟、文房器皿等

陈春荣近照

类型题材，在竹根雕及竹刻领域都有所长。《悄悄话》《巡夜归来》等30余件作品参加国家级及省级专业艺术赛事荣获大奖，作品被国际竹藤组织、浙江省博物馆等单位收藏。2017年4月，在宁波美术馆成功举办"竹艺新篁———陈春荣竹刻艺术展"，并出

版《竹艺新篁——陈春荣竹刻艺术作品集》。长年在上海城隍庙开店的经历，使陈春荣广泛接触了当地的手艺人、收藏家，对他作品的风格也产生了深远的影响。注重"文玩味"，精致、润泽、适宜把玩，是其作品最大的特色。徒弟有蒋浩等。

陈春荣　竹根雕《寒山拾得》

4. 新生代作者

徐洁（1982— ），男，象山县梅溪村人。浙江省青年艺术家、浙江省造型艺术新峰计划人才、工艺美术师、宁波市工艺美术大师、宁波市青年文艺之星。1998 年，师从吴祚益学习竹根雕。2013 年，进修于象山德和根艺美术馆，得张德和悉心教导与指点。2013 年起，受象山德和根艺美术馆委托，在宁波职业技术学院兼任竹根雕指导老师。2015 年，

徐洁教院校学生制作竹根雕

《乡韵》获中国竹雕"华艺杯"金奖。2015 年，获"竹天下杯"竹工艺品现场雕刻技艺大赛金奖。2016 年、2019 年凭《三顾茅庐》《草原情》获中国木（竹）雕"金雕手"称号。2018 年，作品《采菊东篱下》获浙江省民间文艺映山红奖；同年，《两小无猜》被浙江省博物馆收藏。徐洁的作品注重细节的刻画，刀工细腻、纯熟，创作题材比较广泛，动物、仕女、文人、佛道、童叟，古代、现代，都有涉及，个人特点较为鲜明。

肖吉方（1984—），男，象山县泗洲头镇人。工艺美术师、宁波市工艺美术大师、浙江省根艺美术学会常务理事、沙雕艺术家。获"象山首届竹根雕青年艺术家""象山优秀民间文艺人才"等称号。象山肖吉方技能大师工作室领办人、象山肖吉方竹根雕艺术馆创办人。2000 年开始从事竹根雕制作。2007 年起，参加各级大展、大赛，获得省市及国家级奖项 40 余项，其中金奖 10 项，银奖 18 项。2011 年，开始从事大地艺术沙雕。先后到过 20 多个省市地区，参加 40 余场国际、国内沙雕创作，包括 2011 年中国舟山国际沙雕节、2013 年台湾福隆国际沙雕艺术节等，并和多国艺术家切磋技艺。后师从亚太地区手工艺大师、国家级非物质文化遗产代表性项目乐清

肖吉方工作照

肖吉方　竹根雕《亚山神女》

黄杨木雕代表性传承人高公博。肖吉方的作品造型大胆、创新能力强，善于运用根须及竹根的天然纹理，作品构思巧妙、形象生动。得益于沙雕的制作经历，肖吉方具有开阔的视野和国际化的

艺术语言。

5. 象山竹根雕各届宁波市工艺美术大师与中级职称人员名单

截至 2022 年 8 月，象山竹根雕界还有宁波市工艺美术大师 36 人，工艺美术师 46 人。

第一届宁波市工艺美术大师名单（象山竹根雕，6 人）：

陈春荣　方忠孟　林海仁　王　群　朱利勇　朱至林

第二届宁波市工艺美术大师名单（象山竹根雕，4 人）：

陈善国　王春云　王进敏　王永平

第三届宁波市工艺美术大师名单（象山竹根雕，6 人）：

方忠金　顾江林　陈青通　翁承利　郑佳海　周岳奇

第四届宁波市工艺美术大师名单（象山竹根雕，13 人）：

蔡海楚　蔡勇产　李善成　林海彪　欧展鹏　石小余
王晓明　王传帮　吴晓华　肖吉方　徐　洁　俞　杰
章飞龙

第五届宁波市工艺美术大师名单（象山竹根雕，7 人）：

欧昌宗　钱徐彪　杨　斌　俞建伟　郑明祥　朱宏苏
张　翼

工艺美术师名单（象山竹根雕，46 人）：

陈春荣　王　群　陈善国　李善成　林海彪　朱利勇
方忠孟　朱至林　林海仁　王进敏　朱敏辉　王春云

周岳奇	翁承利	朱宏苏	韩海明	王永平	方忠金
郑佳海	顾江林	屠峭锋	蔡海楚	陈青通	朱康林
俞　杰	徐　洁	肖吉方	何益平	孙德仁	张　翼
王晓明	吴晓华	朱永良	石小余	俞建伟	章飞龙
罗德振	欧昌宗	杨　斌	任斌斌	郑友祥	郑明祥
钱徐彪	蔡勇产	朱　峰	朱李军		

[叁] 传承和保护

象山竹根雕在当地政府的大力支持和传承人群的辛勤付出、积极配合下，开展了一系列卓有成效的活动，如创办非遗馆与艺术馆进行宣传展示；积极参加各类大型展览、展演活动，并屡获金奖；对象山竹根雕及代表性传承人进行全面、系统的影像、文字资料的摄制与整理，以及撰写、出版相关理论著作等等。

1. 非遗保护单位

象山竹根雕的传承与保护单位主要有象山县非物质文化遗产馆、象山德和根艺美术馆、象山竹雕文化创意产业园及宁波建设工程学校等，特色鲜明，各有亮点。

（1）象山县非物质文化遗产馆

象山县非物质文化遗产馆是象山地区各级非物质文化遗产项目的一个集中展示的场馆，汇集了非遗的 161 个项目。该馆采用传统手法与现代展示手段相结合的形式，并有传承人长期入驻、

象山县非物质文化遗产馆——竹根雕展区

进行创作，致力于打造有生活的活态式展馆，充分体现"见人见物见生活"的理念。在非遗馆，可看、可听、可体验、可购买，通过课堂、展览、演出等方式，借助微信、直播、抖音等载体，推进非遗与旅游、产业、市场、生活融合发展，为市民带来全新的体验。馆舍坐落于丹东街道新华路，于 2020 年建成并开馆。象山竹根雕作为传统美术类国家级非遗项目，特设单独的大型展区，共展出十余位象山竹根雕传承人的作品。该馆是象山竹根雕目前最为全面、集中的展示场所，体现出象山竹根雕的多样风格及整体面貌。

（2）象山德和根艺美术馆

象山德和根艺美术馆是集创作、研究、展示、培训暨文化交流和非遗传承等诸功能于一体的"国助民办"艺术馆，由象山县政府划拨土地并贴息贷款 500 万元，竹工艺大师张德和个人投资上千万，于 2006 年建成开馆，张德和任馆长，2015 年起免费向社会开放。

馆舍位于象山县城东谷湖景区，由中国两院院士吴良镛教授及其高足宋晔皓教授无偿总体设计，占地 5.1 亩，总建筑面积 4500 平方米，采用四合院结构，展示有张德和精心创作的数百件竹根雕、树根雕作品，以及部分诗文和历年收藏的民间古旧手工

象山德和根艺美术馆

艺品。自开馆以来，好评如潮，至今已接待游客逾 40 万人次。先后有多位领导、专家前来参观、考察，均给予高度评价。举办过象山竹根雕新秀作品展、浙江省高级根艺培训班、象山县中青年竹根雕邀请展及近百场竹根雕专题讲座等，面向各个年龄段人群，宣传、推广、普及象山竹根雕。此外，美术馆还与相关职业技术学院合作，不定期为高职类院校学生培训竹根雕技艺，发掘具有一定潜力及天赋的竹根雕后备人才等等。为此，该馆被评为浙江省非物质文化遗产教育传承基地、浙江省社科普及示范基地、宁波市文化建设示范点、宁波市对外宣传基地等。2021 年 9 月，被文化和旅游部认定为第五批国家级非物质文化遗产——象山竹根雕代表性项目保护单位。

（3）象山竹雕文化创意产业园

象山竹雕文化创意产业园位于宁波市象山县东陈乡，建筑面积 5000 平方米，于 2018 年成立。园区划分为生产加工区、展销区、博览区、技艺展示与体验区、仓储物流中心、技术研发与人才培养实践区、公共服务中心、园区管理中心等 8 大部分，有 20 余家企业入驻。目前有浙江省工艺美术大师、浙江省首席技师及高级工艺美术师、宁波市工艺美术大师等技术人才近 50 人，研发队伍在 2016 年被评为"象山县文化创新人才团队及带头人"。同时，产业园积极开展校企合作，在园内设立了国内首个校外竹雕

象山竹雕文化创意产业园内景

产、学、研实训基地，为助力竹雕文化事业的"活态传承"输送新鲜血液。开发的传统竹根雕艺术品种类涵盖山水、花鸟、人物等数百种，致力于竹根雕及其衍生品的批量化生产，根据年轻人的喜好特点进行创意设计。

（4）宁波建设工程学校

宁波建设工程学校，又名"浙江省象山县职业高级中学"，创办于1983年。2010年增名"宁波建设工程学校"，位于象山县高教园区。2011年起，学校开设竹根雕教学课程，所属的美工类专业获评"竹根雕省特色专业"。宁波市工艺美术大师、象山竹根雕艺人蔡勇产在校任教。学校依托工美专业师资和设备优势，将国家级非遗竹根雕艺术与美术设计专业有机结合，建成象山竹根雕产学研基地，组建非遗项目竹根雕大师工作室等。并与县内多家

宁波建设工程学校开设竹根雕课程，不定期邀请专家授课、指导

企业、行业建立了合作关系，作为校外实习基地，资源共享、互惠互利，共同实施竹根雕紧缺人才培养，助力传统文化的有序、活态传承。竹根雕指导教师蔡勇产曾连续两年获得"全国优秀指导教师奖"，并多次带领学生参加竹根雕竞赛，获得全国一等奖3次，省级金奖1次，市级一等奖1次。2011年12月，由高等教育出版社出版了学校教师张炎编著的《职业教育地方特色教材研发成果书系：象山竹根雕制作工艺》教材。2021年，学校获"象山县十佳非遗传承教学基地"称号。

2. 象山竹根雕的宣传展示活动

象山竹根雕传承人等通过广泛参加国内外展演展示，并在各类比赛中屡获大奖，打响竹根雕品牌，提升影响力，使象山成为中国民间艺术（竹根雕）之乡，象山竹根雕跻身"浙江名雕"之列。

（1）宣传展示

象山竹根雕艺人们不仅于 2005 年在台湾省宜兰县举办了象山竹根雕交流展，体现两岸同根、一脉相连的关系，而且还多次踏出国门，向国际社会展示象山竹根雕的独特魅力。

①走出国门展示技艺

1999、2000、2012、2014 年，张德和分别受国务院新闻办公室、浙江省政府、宁波市旅游局、浙江省非物质文化遗产保护中心选派，赴法国巴黎、蒙顿，日本大阪，韩国首尔，美国洛杉矶等地，作文化展示与现场创作。

2001 年，郑宝根受浙江省政府选派去希腊、法国等地进行访问、展出、文化交流，并作现场示范表演。

2005 年，周秉益受中国文联委派，赴以色列参加国际艺术和手工艺博览会，展示竹根雕作品及现场展示技艺；2007 年受文化部委派，赴阿曼进行文化交流与现场展演。

2005 年，蔡海楚受浙江省文化厅选派，赴法国等地展示竹根雕作品并现场制作竹根雕。

②两岸一家亲

2005 年 11 月 12 日至 17 日，由张德和、郑宝根、周秉益、陈春荣、石永生、王群等一批竹根雕艺人与象山茅洋民俗文化村负责人郑振本等组成的宁波（象山）竹根雕艺术赴台交流团，携180多件精美的竹根雕艺术品，在台湾宜兰传统艺术中心成功展出。此展迎来了1万多名我国台湾地区的观众，竹根雕艺人还与当地的木雕艺人进行了深入的交流。

（2）参加国际、国内重大展览、评比并获奖

象山竹根雕传承人多次参加国内外重大比赛、展览，频频获奖，令象山竹根雕遐迩闻名。

①多人多件作品获刘开渠根艺奖金奖

"刘开渠根艺奖"作为根雕界的最高奖项，自1993年至今，

2005年11月，象山竹根雕艺人在台湾省宜兰县与木雕艺人进行交流

有张德和的《眷恋》《洪荒时代》《酣》等，郑宝根的《两小有猜》《窥视人间》等，周秉益的《红颜》《醉春》等，以及十余位象山竹根雕艺人的多件作品获得金奖。

②首届中国竹工艺精品创作大赛

2003年10月，由国际竹藤组织和中国竹产业协会共同举办的"联通杯"首届中国竹工艺精品创作大赛中，张德和的竹根雕作品《茅屋·秋风》获得唯一金奖，并获评"中国竹工艺大师"称号。

③多次获得山花奖

"山花奖"作为代表中国民间文艺的最高奖项，在工艺美术行业内享有盛誉。2007年，象山竹根雕《茅屋·秋风》（张德和）获第八届中国民间文艺山花奖；2009年，象山竹根雕《点睛》（郑宝根）获第九届中国民间文艺山花奖；2015年，象山竹根雕《福贵齐芳》（周秉益）获第十二届中国民间文艺山花奖。

④首届中国（浙江）非遗博览会获得金奖

2009年9月，象山竹根雕获中国非物质文化遗产保护中心、商务部流通产业促进中心、浙江省商务厅、杭州市人民政府主办的"首届中国（浙江）非物质文化遗产博览"金奖。此次在杭州举办的非物质文化遗产博览会共有来自13个省（市）的近600个国家级和省级非物质文化遗产项目、中华老字号品牌参展。省级"非遗"项目传承人张德和作为象山竹根雕界的代表展出了《茅屋·秋风》《醉》《人之初》等9件作品。

⑤多次入展中国当代工艺美术双年展

2016年，张德和的《清水芙蓉》、周秉益的《清风和韵》等入围第三届中国当代工艺美术双年展；2018年，周秉益的《酒魂》《书韵》、王永平的《刘海戏蟾》、吴晓华的《高士浮槎》入围第四届中国当代工艺美术双年展；2020年，张德和的《博爱》、周秉益的《书趣》入围第五届中国当代工艺美术双年展。

⑥集体亮相2016东亚非物质文化遗产展

2016年4月15日至18日，象山竹根雕作为省级非遗代表性项目，集体参加了在宁波举行的东亚文化之都·2016宁波开幕式暨2016东亚非物质文化遗产展。

⑦亮相国家级海洋渔文化（象山）生态保护实验区建设成果展

2017年6月27日至7月4日，张德和携作品参加在国家典籍博物馆举办的"潮起东海　渔韵象山——国家级海洋渔文化（象山）生态保护实验区建设成果展"，并现场演示制作竹根雕。

⑧参展世界竹藤大会

2018年6月，象山竹根雕艺人受邀参加在北京举办的由国际竹藤组织和中国工艺美术学会主办的世界竹藤大会。会展期间，张德和获"亚太地区竹工艺大师"称号，获世界竹藤大会参展作

方忠孟　竹根雕《童子图泰》

品银奖。

（3）开创品牌打响知名度

象山竹根雕不断开拓创新，成为新一代"浙江名雕"与国家地理标志证明商标。

①中国民间艺术（竹根雕）之乡

自20世纪80年代起，象山竹根雕在技法上不断探索、推陈出新，使得近乎绝迹的竹根雕艺术重焕生机。除了将竹根雕产品打进国际市场，出口几十个国家和地区外，还形成了一支竹根雕创作队伍。因此，1996年，象山县被文化部命名为"中国民间艺术（竹根雕）之乡"。

②浙江省根艺美术学会竹根雕专业委员会挂牌象山

2004年10月，"浙江省根艺美术学会竹根雕专业委员会"挂牌象山。张德和任主任，郑宝根任副主任，周秉益任秘书长。

欧展鹏　竹根雕《献寿》

③象山竹根雕集体亮相宁波美术馆，论证为"浙江名雕"

2006 年 3 月，由宁波市文学艺术界联合会、象山县委宣传部、象山县文学艺术界联合会共同主办的"象山竹根雕精品展"在宁波美术馆召开。这次展出汇集了象山 48 位竹根雕艺术家的 212 件精品力作。其间，经全国专家研究、讨论，象山竹根雕被论证为继"老三雕"之后的新一代"浙江名雕"。

④德和根雕列为宁波市"重点文化品牌"

2011 年，德和根雕被列入"十二五"宁波市文化发展"1235"工程"重点文化品牌"。

⑤象山竹根雕成为国家地理标志证明商标

2020 年 8 月，象山县文艺家服务中心收到国家知识产权局颁

韩剑　竹根雕《还乡》　　　　　　蔡海崔　竹根雕《浅雕头像》

发的"象山竹根雕"地理标志证明商标注册证书，是宁波市首个工艺品类别的地理标志证明商标。

（4）连续举办竹根雕青年艺人技艺大赛

2014—2017 年，象山县委宣传部与象山县文联联合举办了四届象山竹根雕青年艺人技艺大赛。该项系列活动采取比赛与讲座相结合的形式，兼顾实践与理论，并邀请专家评审，每届评选出 2 名"竹根雕青年艺术家"，旨在进一步提升象山竹根雕的创新性与影响力，肖吉方、顾松乾、徐洁、王晓明、朱永良、韩剑等先后获此荣誉称号。

象山竹根雕艺人参加竹根雕技艺大赛现场（袁航摄）

（5）国家博物馆收藏

2016 年，张德和的《清水芙蓉》、周秉益的《清风和韵》被国家博物馆收藏；2018 年，周秉益的《酒魂》被国家博物馆收藏。作品被国家博物馆收藏，代表了传承人的技艺与项目得到国家层面的认可。中国工艺美术馆、中国竹子博物馆、浙江省博物馆等国家级及省市级博物馆、艺术馆，也收藏了很多象山竹根雕艺人的优秀作品。

3. 保护政策与措施

当地政府多次为象山竹根雕出台针对性保护政策，大力扶持象山竹根雕。并举办大型论坛及研讨会等，召

罗德振　竹根雕《欢天喜地》

集专家为象山竹根雕的进一步发展出谋献策；注重影像及文字资料的拍摄、整理，为象山竹根雕留下宝贵的第一手资料；代表性传承人等出版学术专著，为象山竹根雕的发展奠定了坚实的理论基础。

（1）颁布政策措施，大力扶持象山竹根雕

2006 年，象山县出台了《关于加大扶持竹根雕艺术创作和产业发展的政策意见》，制定了竹根雕"十一五"规划和中长期发展目标，为竹根雕的发展提供了切实保障。相关部门通过研讨会、展销会、资金奖励、用地优惠、人才培训、经济协作等方式，推介、扶持竹根雕艺术和产业发展。2012 年出台《关于进一步大力

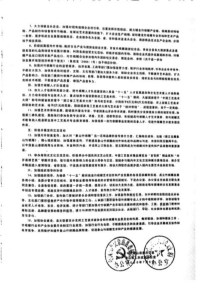

2006年7月，象山县委县政府出台《关于加大扶持竹根雕艺术创作和产业发展的政策意见》

扶持竹根雕艺术创作和产业发展的若干意见》。

（2）举办象山竹根雕研讨会与论坛

①象山竹产业发展暨竹根雕艺术创作研讨会

2006 年 9 月，由宁波市林业局与象山县人民政府共同举办的象山竹产业发展暨竹根雕艺术创作研讨会在象山举行。

2015年举办的中国·象山竹根雕艺术创作和产业发展论坛

②中国·象山竹根雕艺术创作和产业发展论坛

2015 年 12 月 23 日至 24 日，首届中国竹根雕艺术大师评定工作筹备会暨中国·象山竹根雕艺术创作和产业发展论坛在象山召开。此次活动由中国工艺美术学会和象山县人民政府主办，除副县长王安静、宣传部部长罗来兴外，有浙江省文联党组原书记、中国美院教授高而颐，《美术报》原副社长、中国美院雕塑系教授高照，中国工艺美术学会秘书长赵之硕，中国艺术研究院研究员、中国工艺美术学会常务理事邓远坡，中国工艺美术大师李凤荣，亚太地区手工艺大师高公博，福州大学工艺美术学院院长庄南鹏等十余名专家出席此次论坛，一同为象山竹根雕产业的发展建言献策。2016 年 1 月 13 日，《今日象山》整版刊登《中国·象山竹根雕艺术创作和产业发展论坛摘要》。

《今日象山》整版刊登此次论坛摘要

（3）非遗系列活动

象山竹根雕传承人张德和、周秉益、方忠孟、林海仁等参与非遗类重大活动，积极、高效地开展非遗传承活动，成效显著。

①"非遗薪传"系列活动

2013年10月17至20日，由中国艺术研究院、中国非物质文化遗产保护中心、联合国教科文组织亚太地区国际培训中心、浙江省文化厅和杭州市人民政府共同主办，浙江省非物质文化遗产保护中心、杭州市文化创意产业办公室承办的"首届中国杭州亚太传统手工艺博览会"在杭州白马湖国际会展中心举行。

作为博览会活动的组成部分，象山竹根雕代表性传承人张德和、周秉益、方忠孟三人被浙江省文化厅授予"浙江根雕艺术中青年十大名师"荣誉称号。

此次评选是浙江省非物质文化遗产传统手工艺重点门类的"非遗薪传"系列评选活动的重要内容，在每个重点门类分别推出"十大名师、百名高徒、千件精品"。

②非遗"薪火计划"

2019年11月5日，张德和、林海仁作为象山竹根雕传承人参加由宁波市文化广电旅游局主办的"迷恋宁波"2019非遗＋旅游主题系列活动。在"非遗'薪火计划'中青年传承人群培养工程"中，两人的学徒朱峰、林志进行了颁证、拜师仪式。本次活动旨

朱利勇　竹根雕《大国工匠》

在培养新一代的非遗项目传承人。朱峰、林志于 2020 年通过相关部门的考核。

（4）象山竹根雕相关研究整理

象山竹根雕省级代表性传承人张德和出版个人学术专著，并积极配合当地政府部门开展影像、文字资料的摄制与整理工作，取得了丰硕的成果。

①出版系统性学术专著

张德和历时 6 年，于 2019 年 5 月由西泠印社出版社出版 30 余万字的根艺理论著作《雕根问道——德和谈艺录》（张德和 张翼著），该书同时为"2014 年度宁波市文艺创作重点项目"成果。该书分叙事、论理、体道 3 篇，共 54 章。立足于象山竹根雕，采用图文并茂的方式，第一次系统性、全面地对竹根雕、树根雕的历史、技法与理论进行了统一的梳理、分

2019 年，《雕根问道——德和谈艺录》出版

析和阐释，具有较强的可操作性与参考价值。同年，该书获评浙
江民间文艺映山红奖（优秀民间文艺学术著作奖）。该书得到专家
及业界同行的广泛好评，并为研究象山竹根雕提供了宝贵的第一
手资料。

②传承人及项目的资料整理

2019 年，象山县非物质文化遗产保护中心开展了非遗传承人
及项目的资料整理工作，对市级以上非遗代表性传承人及非遗项
目进行了专业化的口述采访、视频采集及后期视频、文字资料的
整理。从代表性传承人及其家属、徒弟、研究者等多方面的不同
角度，还原了传承项目及代表性传承人的真实状况；对项目的发
展历史、制作流程、教学传艺等进行了全程视频记录，为今后非

蔡剪芳　竹根雕《和合有福》

遗的研究保存了丰富且宝贵的影像与文字资料。其中，仅"象山竹根雕省级代表性传承人"一项就包含口述篇、实践篇、传承教学篇、综述篇四大块内容，形成超过 14 小时的视频资料和 13 余万字的文字资料。2021 年 8 月，宁波市文化馆和宁波市非物质文化遗产保护中心开展"宁波市非遗抢救性记录工程——传承人口述史丛书"的编纂出版工作。第一辑、第一章"象山竹根雕代表性传承人张德和"，约 5 万字，即将付梓。

（5）制定行业标准

2020 年，象山县市场监管局依据象山竹根雕省级代表性传承人张德和等撰写的《象山竹根雕生产工艺技术规程（草案）》，通过走访县文联、县党史办、县非遗办，查阅

郑友祥　竹根雕《和和睦睦》

竹根雕相关史料与记载等，制定、发布了《象山竹根雕生产工艺技术规程》县级地方标准。

"路曼曼其修远兮，吾将上下而求索。"象山竹根雕的传承与发展，不仅要靠技艺的传承，更需要以深厚的人文内涵与文化含量作为其核心和灵魂。望同行共勉、社会共护，为灿烂的华夏文明增添一缕幽幽的竹香……

朱宏苏　竹根雕《胜利大逃亡》

附录

附录

[壹] 象山竹根雕大事记

1811 年　◎清嘉庆十六年署名"蒋光猷"的竹根雕器物《秋叶贡盘》制作完工。《秋叶贡盘》是象山竹根雕已知有确切年代可考的最早的实物。

1978 年　◎10 月，象山当地的张德和、郑宝根、赖其学、周爱平等民间艺人受到清代竹根雕作品的启发，开始尝试制作竹根雕。

1983 年　◎11 月，象山竹根雕首次在广交会上打进国际市场，获 5 万元订单。

1984 年　◎6 月，成立首家象山竹根雕生产企业——象山丹城出口工艺美术厂 。

1985 年　◎9 月，宁波工艺美术研究所的杨古城在象山县组织了一场竹根雕座谈会，从理论方面指导了一批象山竹根雕艺人。

1986 年　◎9 月，郑宝根创作的象山竹根雕作品《沙僧》参加美国洛杉矶艺术博览会，系象山竹根雕首次参加国际性展览。

1987 年　◎1 月，郑宝根创作的象山竹根雕作品《沙僧》获浙江省新、优、名、特产品"金鹰奖"。系象山竹根雕获得的第一个省级以上的奖项。

1988年　◎12月，成立象山县文联工艺美术家协会，其中大多数会员为象山竹根雕艺人。

1993年　◎9月，张德和《眷恋》获刘开渠根艺奖金奖，系象山竹根雕获得的首个国家级金奖。

1996年　◎11月，象山县被文化部命名为"中国民间艺术（竹根雕）之乡"。

1997年　◎4月，浙江省美学会、中国美院、浙江省工艺美术学会等多家单位联合召开张德和竹根雕艺术研讨会，系象山竹根雕方面的首次个人研讨会。6月，象山县文物管理委员会办公室和县文化馆在县图书馆举办象山竹根雕艺术展，有十余名象山竹根雕艺人的百余件作品参展。张德和偕"仿古雕"及"局部巧雕"的十余件作品亮相当地展览。由于"局部巧雕"费时少、价值高的亮点，使该技法在业内迅速得到普及。

1999年　◎9月，张德和受国务院新闻办公室委派，参加"九九巴黎·中国文化周"活动，系象山竹根雕艺人首次出国献艺。

2001年　◎6月，郑宝根应邀赴中央电视台，在建党80周年相关活动现场进行竹根雕技艺表演，后在《美术星空》栏目中播放。11月，郑宝根受浙江省政府选派去希腊、法国等地进行访问、展出、文化交流，并作现场示范表演。

2003 年 ◎ 10 月，张德和获评"中国竹工艺大师"称号。

2004 年 ◎ 10 月，浙江省根艺美术学会竹根雕专业委员会挂牌象山。

2005 年 ◎ 8 月，周秉益受中国文联委派，赴以色列参加国际艺术和手工艺博览会。10 月，祭海楚受浙江省文化厅选派，赴法国等地进行象山竹根雕展演。11 月，由宁波市委宣传部牵头，郑宝根、张德和、周秉益、王群、陈春荣等象山竹根雕名艺人组成的宁波（象山）竹根雕艺术赴台交流团，携 180 多件竹根雕作品，在我国台湾宜兰传统艺术中心成功展出。

2006 年 ◎ 2 月，浙江省省长吕祖善将象山竹根雕《佛手》作为国礼赠送给英国副首相兼内阁首席大臣约翰·普雷斯科特。3 月，象山竹根雕精品展及象山竹根雕全国专家论证会在宁波美术馆召开。象山竹根雕被论证为成为新一代浙江名雕。7 月，象山县委县政府出台《关于加大扶持竹根雕艺术创作和产业发展的政策意见》，对竹根雕税收给予优惠，对获奖者给予奖励。9 月，象山竹根雕首个展览馆——象山德和根艺美术馆成立。同月，由宁波市林业局与象山县人民政府共同举办的象山竹产业发展暨竹根雕艺术创作研讨会在象山举行。

2007 年 ◎ 6 月，象山竹根雕列入"第二批浙江省非物质文化遗产名录"。9 月，周秉益应日中文化交流会馆的邀请，赴日本冲绳进行为期 10 天的作品展演，受到当地政府的广泛报道。10 月，象山竹根雕《茅屋·秋风》(张德和)获第八届中国民间文艺山花奖。

2008 年 ◎ 1 月，张德和获评省级非遗(象山竹根雕)代表性传承人称号。1—2 月，周秉益受中国文联委派赴阿曼做文化交流与现场技艺展示。

2009 年 ◎ 10 月，象山竹根雕作品《点睛》(郑宝根)获第九届中国民间文艺山花奖。

2012 年 ◎ 4 月，张德和受宁波市旅游局委派，作为象山竹根雕代表，赴日本、韩国等地展演。4 月，象山德和根艺美术馆获评浙江省非物质文化遗产宣传展示基地。7 月，象山县工艺美术行业协会成立，其中绝大多数会员及领导班子成员为象山竹根雕艺人。

2013 年 ◎ 5 月，纪录片《竹根雕大师张德和》在央视 4 套播出，时长 1 小时。

2014 年 ◎ 1 月，张德和受浙江省非物质文化遗产保护中心邀请，赴美国洛杉矶等地参加"2014 欢乐春节——中国浙江文化节"活动，并作文化交流展示。6 月，象山首届竹根雕青年艺人技艺大赛暨首届竹根雕青年艺术家称号评选活动举行。10 月，象山竹根雕获得首个国际性奖项——艾琳·国际工艺精品奖银奖（张德和，《清水芙蓉》）。12月，象山竹根雕产学研基地成立。象山县职业高级中学被命名为"象山竹根雕产学研基地"。

2015年 ◎9月，象山第二届竹根雕青年艺人技艺大赛举行。11月，竹根雕在央视7套《农广天地》栏目播出，时长半小时。同月，象山县工艺美术学会成立。其中，绝大多数会员及领导班子成员为象山竹根雕艺人。12月，象山竹根雕《福贵齐芳》（周秉益）获第十二届中国民间文艺山花奖。同月，由中国工艺美术学会和象山县人民政府主办的中国·象山竹根雕艺术创作和产业发展论坛在象山召开。

2016年 ◎4月，象山竹根雕艺人郑宝根、张德和、周秉益获中国民间文艺山花奖的佳作，与多位象山竹根雕艺人的多件精品一起，集体亮相"东亚文化之都·2016宁波开幕式暨2016东亚非物质文化遗产展"。9月，象山第三届竹根雕青年艺人技艺大赛举行。10月，象山竹根雕《清水芙蓉》（张德和）、《清风和韵》（周秉益）被国家博物馆收藏。

2017年 ◎6月，象山竹根雕亮相国家典籍博物馆"潮起东海 渔韵象山——国家级海洋渔文化（象山）生态保护实验区建设成果展"。12月，象山第四届竹根雕青年艺人技艺大赛举行。

2018年 ◎6月，张德和获评"亚太地区竹工艺大师"称号。

9月，象山竹根雕作品《酒魂》（周秉益）被国家博物馆收藏。12月，象山竹根雕入选"第一批浙江省传统工艺振兴目录"。

2019年 ◎ 5月，首本系统性根雕理论专著《雕根问道——德和谈艺录》出版（张德和、张翼著），12月获第七届浙江民间文艺映山红奖（优秀民间文艺学术著作奖）。

2020年 ◎ 6月，象山县非物质文化遗产馆开馆。其中，竹根雕展区陈列有象山竹根雕各级代表性传承人及其他高工、省市级大师的优秀作品。8月，象山县市场监管局发布《象山竹根雕生产工艺技术规程》县级地方标准。同月，"象山竹根雕"成为国家地理标志证明商标。

2021年 ◎ 5月，象山竹根雕入选第五批国家级非物质文化遗产名录。7月，纪录片《非遗中国行》第49集播出竹根雕内容。9月，象山德和根艺美术馆被文化和旅游部认定为第五批国家级非物质文化遗产——象山竹根雕代表性项目保护单位。

2022年 ◎ 8月，象山竹根雕省级代表性传承人张德和获第八届"中国工艺美术大师"称号，系象山竹根雕界首位获此殊荣的传承人。

［贰］相关记述

1. 象山竹根雕创作要诀

象山竹根雕的代表性传承人张德和根据从艺40余年来的经验

总结，将竹根雕的创作步骤与要领系统性地归纳为 7 部分，分别为：读根、相材、构思、制作、命题、修为、境界，形成 200 字的口诀，涵盖了竹根雕创作的各个阶段，四字一句，韵脚相同，读来朗朗上口，表述深入浅出。该理论不止限于竹根雕，也适用于树根雕；同时，对其他艺术门类也具有一定的启发与借鉴的价值。

象山竹根雕创作二百字诀

张德和

读　根

根是天书，上苍著就。

文理读通，造化参透。

雕似翻译，本意恪守。

自喻喻人，众能接受。

相　材

质忌疏松，形看丑陋。

思若天马，眼同灵鹫。

用心观照，凝神解剖。

本质弄清，天机始露。

构 思

美女鲜花，白云苍狗。

绝处求生，无中觅有。

推敲反复，呼应左右。

令汝痴迷，为伊消瘦。

制 作

相自情生，刀随意走。

整体着眼，局部入手。

不雕而雕，雕而不镂。

物我两忘，心手同构。

命 题

题为灵魂，名如领袖。

外着布衣，内藏锦绣。

旁敲侧击，主题紧扣。

言简意赅，味同陈酒。

修 为

禅靠心参，道难口授。

抱朴守真，发微养厚。

生活为师，自然为友。

知行兼顾，德艺双修。

境　界

情系苍生，胸怀宇宙。

功在行外，名存身后。

技道两进，无法无囿。

天人合一，万古不朽。

2. 故事趣闻

故事一：橱柜顶上的历史

1988 年，当时 30 岁的郑振本正在自家的南充村挨家挨户去收购古董家具，恰巧发现郑尚勇家老式橱柜顶上有个积满灰的物件，便拿下来看个究竟。只见上面盛着的灰尘足足有五六厘米高，倒掉、抹开灰尘后，发现正面两旁分别用墨笔写着"今为几""上珍"这几个字，且画着印章，字迹工整、美观，棱角处的漆有剥落的痕迹，底边还雕刻有枝叶；翻过来看，更是不得了，写着"嘉庆拾陆年姑洗月 吉旦 蒋光猷置"这十几个字。从周边的竹疤和中间密匝的竹节来看，这是一件不可多得的竹根雕古董。郑振本买回后视若宝物，一直珍藏至今。

故事二：张小泉二三事

据当地老人回忆，制竹艺人张小泉喜欢村庄里的小孩直呼其名，叫他"阿公"，他反倒不乐意；若叫"张小泉"，他会很高兴，马上从袋里掏出糖果奖励小朋友。张小泉嗜酒如命，经常背着自已做的竹椅到镇上卖掉换酒。一次，有人在路上问他的椅子卖多少钱。他答："5块。"路人想杀价："5块？这么贵，人家才卖1块！"

他听了很不高兴，一把将椅子甩到石板路上，椅子像打水漂一般撞击地面，一路发出"噔噔噔噔"的声音。随后，他又自己过去将椅子扶起来，背在背上。再看那椅子，仍然完好如初！他没好气地说："你听听声音，一样吗？"那人见状，二话不说，爽快地掏出了钱。

做手艺力求完美的他，做椅子之类的竹材都是亲自上山去挑选，他选的竹材大小相同、竹节疏密一样，不会虫蛀，且每个切口都非常标准，榫卯结构，天衣无缝。他做的竹椅用了几十年都坚固异常，不会动摇。由于做工精致、结实耐用，价钱自然要比他人的高出许多。

故事三：茶叶蛋解决仿古大难题

20世纪80年代初，为让象山竹根雕打开国际市场，张德和绞尽脑汁，却在产品色泽上一筹莫展。当时，自己雕刻的产品已经合格，唯独因为颜色没有"古董"的感觉，一直订不出去。眼看离成功就差临门一脚，张德和心急如焚，换过几十种原料、经过上百次的试验，效果终究还是不理想。

正好有一天，他从外地回来，闻到路边茶叶蛋的香味，准备

买来充饥。摆摊的阿婆
问:"你要咸点的,还是淡
点的?"

"什么咸点的、淡点
的?"正在纠结仿古颜色
的张德和没有在意。

"咸一点的蛋,在下
面,颜色红的。"

"还有红的蛋?"

"是啊,下面翻上来
的,颜色深一点。"

"同样的蛋?"

"是的,这个黑的,
煮得时间长,就咸了。"

张德和茅塞顿开,如
获至宝。这些茶叶蛋的颜
色与竹子用久变红的颜色
简直一模一样!

知道原理后,他马
上变传统的"涂刷法"为

朱至林　竹根雕《镇邪》

"沸煮浸渍法"，将配好的颜色渗透进竹根内部，通过煮的时间长短来调整色泽，达到想要的效果。成品的颜色古朴、自然，仿古难题迎刃而解，象山竹根雕也成功迈出国门，走向世界！

故事四：小竹根大价值

20 世纪 80 年代中期，浙江省工艺品进出口公司样宣科将张德和的竹根雕拿到国外去展销。公司随行人员林望贤正在拆箱，一名外国游客看到刚拿出来的竹根雕，觉得很新奇，表示想买。可林望贤不懂英语，公司的外销员又不在，他只好伸出五个手指，想说 500 人民币。谁知那个外国人真心喜欢，说了声"OK"！便从包里抽出 500 美金。他一看，傻眼了，语言不通又无法解释，而且自己开的价又不好反悔！只好让老外等着，先跑去向领导请示。领导听了情况同意卖给他一个。这事是林望贤出国回来后讲给张德和听的。

故事五：文学、影视作品中的象山竹根雕

知名编剧、文学家戚天法与象山竹根雕艺人张德和，两人因 20 世纪 80 年代末都在宁波市文联系统而结识。戚天法作为文联领导多次去张德和处考察，闲谈间，张德和时常提及象山竹根雕的过往，如创办竹根雕厂的风波、历经的种种曲折等等。言者无心，听者有意。戚天法认为这是一个反映乡村经济发展的很好的切入点，事迹又非常生动，于是，以张德和的素材、事迹为灵感，创

戚天法小说《山乡巨澜——修竹湖之恋》

作出长篇小说《山乡巨澜——修竹湖之恋》。讲述了竹根雕艺人创业、奋斗，最终在事业上获得成功，并带动乡村经济发展的励志故事。后改编成 23 集电视连续剧《修竹湖的故事》，1998 年在央视 8 套播出。电视剧一经播出，便取得了良好的社会反响，大大提升了竹根雕的知名度。

故事六：笋壳与毛笔

1997 年 4 月，著名美学家王朝闻与杨成寅应邀来到张德和处住了 8 天，针对象山竹根雕提出许多宝贵的理论、意见。张德和原本想请王朝闻留下墨宝作为纪念，后来得知他在数年前就公开声明不再题字、作序，便打消了这个想法。

在看了张德和的竹根雕作品以及收藏的明清家具后，王朝闻深受感动。一日，问张德和："你有纸和笔吗？"张德和马上明白了意思，但又不想让他破例，只好回答："没有。"王朝闻愣了一会儿，说："张德和同志，你去帮我找根竹子，劈成条，把一头捣烂，再交给我。"张德和故意问："这是做什么用？"老人家一笑："你说呢？"

张德和随即按王朝闻的吩咐做了几支"笔"，正准备交差，看见父亲昨天拿来准备包粽子的笋壳。张德和有了想法，用笋壳也做了几支"笔"，一同去"交作业"。

王朝闻满意地朝张德和竖起大拇指。然后，发现一旁还有几支奇怪的"笔",很是意外,拿起一根仔细打量,好奇地问:"这是用什么做的?"张德和回答:"是笋壳。毛竹还是笋的时候,外面有一层壳。等笋长成毛竹,它就自然脱落了。""噢,是'竹衣'啊,我有写的内容了。"

于是,他用这支"笋壳笔"写下一段话:"德和竹根雕刻之艺术成就,基于对物质材料之优越性之发现与控制。一九九七年四月,在象山丹城做客,深感民间美术传统与创新之互相依赖。我与(欲)以竹为笔,德和君以竹衣为笔,甚合用场。巴蜀老汉王朝闻。"

王朝闻先生题字

后记

非常感谢领导与专家的抬爱，让我有这个机会来撰写《象山竹根雕》一书，荣幸之余，诚惶诚恐。

象山竹根雕与其他在历史上享有盛誉的雕刻品种相比，诞生的时间不长，且无论从影响力与从业人数上来看属于"小项目"。但是，她有一个非常大的优势，即我们同时代的很多人，见证着她的萌芽、兴起与挫折，然后，在一次次挫败中汲取经验教训，一步步登向大雅之堂，最终博得世人的赞赏与青睐。

这些经历和感受不是来自枯燥的字里行间，而是活生生的历史。因为，我们的竹根雕艺人都是这段历史的缔造者与参与者！

我与这本书也有一些缘分。自出生以来，父亲一直以竹根雕为业。与大多数孩子不同，我能看到、触碰到、闻到的，不是玩具，而是满屋子的竹根雕以及竹子清新、淡雅的幽香。竹子虚怀、坚韧的特质，对我有着深远的影响。

我的童年正是竹根雕"大路货"泛滥的时代。习惯了作品打包时拉胶带的噪音，也经历过竹根雕生意失败、全家躲债的日子；随着慢慢懂事，也见证了象山竹根雕从"大路货"转变为"工艺精品"甚至是"艺术品"的整个过程，感触良多。为此，我就读中国美术学院美术学史论专业，2007 年由杨振宇老师指导的毕业论文，写的就是象山竹根雕。想要将竹根雕艺人的艰辛、勤劳、执着与智慧，通过图文的方式记录、呈现出来，这也是我对象山竹根雕的第一次表白。

本书所涉及的诸多同行，更多的是前辈，很大一部分是看着我长大的。象山竹根雕的发展、兴旺，也离不开同仁们坚持不懈的努力，在此感谢与本行业相关的所有人，为本书提供了不少图片及原始资料。

特别要感谢中国美术学院王其全老师，在百忙中抽出时间仔细审稿，从编写体例的确定到最终成稿，提出许多宝贵的意见和建议，保证了本书的顺利出版。象山县文旅局副局长郑华华关心丛书编撰工作，亲自组织召开座谈会，确保书稿的进度和质量。象山县文化馆黄松挺馆长认真做好相关协调工作。专家张利民、许林田、余知音、竺蓉、张艳以及代表性传承人张德和、周秉益、朱利勇、方忠孟等也提出了诸多极具参考性的意见，对此深表谢意。此外，还特别感谢海洋渔文化生态保护区管理中心的小伙伴们的共同努力。还有很多给予帮助却未能一一提及的老师、朋友们，情山义海，铭记于心！

由于时间和篇幅的限制以及参考资料相对匮乏，加之自己水平有限，书中难免有挂一漏万的情况，错误亦在所难免。敬请专家、老师、朋友们批评指正！

编著者

2023 年 1 月

图书在版编目（CIP）数据

象山竹根雕 / 张翼著 . –– 杭州 : 浙江古籍出版社，
2024.5
（浙江省非物质文化遗产代表作丛书 / 陈广胜总主
编）
ISBN 978-7-5540-2710-3

Ⅰ . ①象… Ⅱ . ①张… Ⅲ . ①根雕—雕塑技法—象山
县 Ⅳ . ① TS932.4

中国国家版本馆 CIP 数据核字 (2023) 第 176116 号

象山竹根雕

张 翼 编著

出版发行　浙江古籍出版社
　　　　　　（杭州市环城北路177号　电话：0571－85068292）
责任编辑　黄玉洁
责任校对　吴颖胤
责任印务　楼浩凯
设计制作　浙江新华图文制作有限公司
印　　刷　浙江新华印刷技术有限公司
开　　本　960mm×1270mm 1/32
印　　张　6.625
字　　数　123千字
版　　次　2024 年 5 月第 1 版
印　　次　2024 年 5 月第 1 次印刷
书　　号　ISBN 978-7-5540-2710-3
定　　价　68.00 元

如发现印装质量问题，影响阅读，请与本社市场营销部联系调换。